机电产品定制的知识库系统

钟艳如　黄美发　覃裕初　著

科　学　出　版　社

北　京

内 容 简 介

从新一代信息技术的制造知识和制造经验出发，本书基于本体技术和描述逻辑，给出了机电产品定制的知识库系统，内容涉及装配公差综合、轴系零部件定制、装配序列、工艺 BOM 等方面的本体构建和原型系统设计。全书共 6 章，主要成果包括：基于 OWL 表示装配公差综合的类和属性，基于 SWRL 设计装配公差类型及公差值，构建装配公差综合生产知识库系统；基于 SWRL 表示轴系零部件装配关系、尺寸关系、工艺加工与模型检验，基于 Jess 推理机构建轴系零部件定制知识库系统；面向功能、结构和工艺等方面的装配建模方法，给出了零部件的安装条件计算判定逻辑方程，设计了装配序列自动生成方法；工艺 BOM 本体的构建和知识自动推理生成。

本书适合机械设计、制造、计量、标准化等领域的科技工作者、企业管理人员及高校师生参考。

图书在版编目(CIP)数据

机电产品定制的知识库系统 / 钟艳如，黄美发，覃裕初著. —北京：科学出版社，2019.11

ISBN 978-7-03-062740-7

Ⅰ. ①机… Ⅱ. ①钟… ②黄… ③覃… Ⅲ. ①机电设备－产品设计 Ⅳ. ①TH122

中国版本图书馆 CIP 数据核字（2019）第 243555 号

责任编辑：郭勇斌 肖 雷 / 责任校对：杜子昂
责任印制：张 伟 / 封面设计：无极书装

科 学 出 版 社 出版

北京东黄城根北街 16 号
邮政编码：100717
http://www.sciencep.com

北京九州迅驰文化传媒有限公司 印刷
科学出版社发行 各地新华书店经销

*

2019 年 11 月第 一 版 开本：720 × 1000 1/16
2019 年 11 月第一次印刷 印张：12 1/4
字数：237 000

定价：78.00 元
（如有印装质量问题，我社负责调换）

前　　言

制造业是国民经济的支柱产业，基于新一代信息技术的制造业产能共享知识作为最重要的软资源之一，其制造知识和制造经验的共享或重复使用对优化资源配置、提升资源利用率有着重要的意义。进入 21 世纪，大批量定制技术将会成为制造业的主流生产方式，企业竞争的焦点将转变为如何抓住机遇，响应市场，迅速组织全球范围的生产体系，快速开发出新产品。

目前，企业已存有大量的资源和产品的生产经验，而影响大批量定制中产品交付期的一个重要因素是建立和整合产品信息的时间太长，因此，如何对这些资源和信息进行整合、建模并搜索出可重复使用的资源信息显得尤为重要。

知识的记录和传播保证了人类的发展和延续。在经济快速发展的今天，Web使我们对知识的使用形式发生了很大改变。随着 Web 的迅猛发展，语义网对 Web信息的表示和获取方式进行了重大的改进。针对"机电产品定制中知识和经验的语义表示不足"和"知识和经验的共享及重复使用性不畅"两个问题，本书结合人工智能领域的本体技术，将本体技术和描述逻辑技术应用到装配公差综合领域、轴系零部件定制领域、装配序列、工艺 BOM 等方面，使用 OWL 构建了机电产品定制的知识库，基于 SWRL 建立了机电产品领域的要求和约束规则库。

机电产品定制的知识库系统研究取得了以下几个方面的成果。

第一，装配公差综合领域中相关知识的本体构建和公差综合优化设计原型系统的设计。采用七步法对提炼的装配公差综合领域知识构建本体，同时用 OWL表示本体中的类和属性，并使用 SWRL 表示装配公差类型和装配公差值的生成规则。基于上述知识，构建了装配公差综合生成知识库系统。通过分析公差优化分配的数学模型，设计了公差综合优化设计算法。最后，通过运用 Java 程序设计语言和开发工具 Eclipse 设计了公差综合优化设计原型系统。

第二，轴系零部件定制领域本体的构建和定制方法的设计。根据变型设计的知识活动层次，设计了一种自顶向下的知识传递模型。在领域知识与知识传递模型的基础上构建了轴系零部件定制的本体，同时利用描述逻辑对其进行了刻画。在领域本体的基础上添加 SWRL 来描述本体语言难以描述的零部件装配关系、尺寸关系、工艺加工与模型检验等约束知识与设计经验。另外，借助 Jess 推理机构建了零部件定制知识库系统，实现了零部件尺寸、工艺及校验等参数的自动生成。最后在知识库的基础上引入有限元分析技术提出了一种定制设计方法实现零部件定制，运用 Java 语言中的 Swing 技术开发了用户交互界面。

第三，装配序列自动生成方法的提出和装配操作问题的形式化描述。在面向功能、结构和工艺等方面的装配建模方法的基础上，构建了适用于本体技术和推理的装配信息模型并对其进行了形式化描述及本体表示。另外，描述了零部件组的约束关系和零部件的属性，并给出了零部件安装条件计算判定的逻辑方程。基于原始蚁群算法，构建了面向装配规划的蚁群算法。最后，在装配序列自动生成方法和装配操作问题的基础上开发了基于本体的装配序列规划原型系统。

第四，工艺 BOM 本体的构建和知识自动推理的生成。将本体形式化描述技术引入 BOM 领域，通过对 BOM 领域类知识及工艺类知识的研究分析，设计了工艺 BOM 的结构表示模型。设计了结合专家经验、实际生产情况及工艺 BOM 表示模型的 SWRL 规则，并构建了本体知识库原型系统。最后，针对定制开发平台中企业管理系统模块，将本体知识库与 TiPDM 相集成，完成了企业管理系统主要功能模块的设计。

本书是在桂林电子科技大学 GPS 课题组成员近 5 年对面向变型设计的知识表示不断研究的基础上完成的，本书作者的研究工作得到了国家自然科学基金项目（61163041，61562016，51765012）的资助。

本书的撰写得到刘夫云教授的指导与帮助，在此表示衷心的感谢。

作　者

2018 年 12 月

目　　录

第1章 绪 论

1.1 机电产品定制的研究背景

制造业是国民经济的支柱产业，中国制造 2025 即工业 4.0 掀起制造领域的第四次工业革命，其以物联网和（服）务联网为基础，以智能制造和产品个性化为中心，由劳动密集型制造向高端制造迈进[1-3]。国家信息中心分享中国经济研究中心发布的《中国制造业产能共享发展年度报告（2018）》，该报告指出了基于新一代信息技术的制造业产能共享知识作为最重要的软资源之一，其制造知识和制造经验的共享和重复使用对优化资源配置、提升资源利用率有着重要的促进作用。

在工业革命以前，制造业的主要形式是家庭作坊和手工工场，采用手工的单件生产方式，产品从数量到质量上都远不能满足市场的需求。从 18 世纪 60 年代开始，随着瓦特改良蒸汽机，制造业的生产方式逐渐由手工方式转变为工厂制度，即主要以机器生产为主的小批量生产，这种方式大大提升了劳动效率，并且产品的数量和质量也有了相应的提高和改进。在 19 世纪 60 年代，随着内燃机的发明和电力、电机等的发展，制造业的机械化大生产逐渐实现。由于生产逐步自动化，生产效率和生产规模都进一步加大。20 世纪初期，亨利·福特和斯隆等提出大批量生产方式，这一生产方式成功取代了作坊式的单件小批量生产方式。生产方式的转变给福田公司带来了莫大福利，使其 T 型汽车称霸了全球[4, 5]。第二次世界大战以后，自动化技术和制造技术融合越来越密切，使生产向机械化、自动化的大批量生产方向发展。随着技术的成熟和大批量生产方式的普及，某些产品出现了供应过剩的现象，在相对饱和的市场中同类产品的竞争日益激烈起来[6-8]。顾客对产品个性化要求越来越高，企业普遍认为能够及时满足用户的要求，快速地开发出相关产品，是抢占市场份额的必要条件。在顾客对产品个性化要求不断加强的情况下，批量生产的产品占市场份额的比重不断减小，批量生产方式所能适用的产品范围迅速减小[8-11]。

在 20 世纪后期，出现了一种不牺牲企业生产成本和时间的新的生产方式去来满足客户特定需求的产品和服务，即大批量定制的生产方式。这种方式逐渐成为企业所选用的竞争手段。大批量定制是用整体优化思想，利用企业之前存在的设计方法、产品的生产设备、测量工具等资源，根据顾客对产品的个性化定制要求，批量生产低价、高质、高效产品的生产方式。应用相似性、重复使用性和全局性原理对定制产品零部件进行选择和重新组合，提高企业已有零件的使用频率，扩大客户选择范围。

21 世纪，大批量定制技术将成为制造业的主流生产方式，企业竞争的焦点将转变为如何抓住机遇，响应市场，迅速组织全球范围的生产体系，快速开发出新产品[12]。经过对生产过程的深入研究，Pahl 等[13]发现设计可被分为初次设计（original design）、适应设计（adaptive design）、变型设计（variant design），并指出在实际的设计工作中大约 70%属于变型设计。变型设计是在保持产品基本功能、基本原理和基本结构不变的前提下，对产品的局部功能和结构进行调整与变更，以满足不同工作性能要求的一种设计方法，从而充分重复使用企业已有的资源，极大地提高产品的设计速度和质量[12-15]。

要贯彻与落实中国制造 2025，打造机电产品定制式、专业化、个性化服务发展新引擎。基于互联网的营销渠道的加入使用，从大批量生产转为大批量定制模式，数字化仿真设计运用，以及智能化产品带来的使用监控和维护功能，都不可避免地会对企业的原有业务流程产生重大影响。生产商需要从端到端角度重新审视并优化其核心业务流程。大批量定制模式将成为未来制造业的核心，这种生产模式在方便企业的同时满足了客户个性化定制需求，实现了低价、高质、高效。

目前，企业已存有大量的资源和产品的生产经验，而影响大批量定制中产品交付期的一个重要因素是建立和整合产品信息的时间太长[16]，因此，如何对这些资源和信息进行整合、建模并搜索出可重复使用的资源信息显得尤为重要。研究人员曾试图利用引进一些计算机辅助技术（CAX）系统来解决此问题，但是效果并不明显。为了解决这个问题，研究人员通过将产品结构重组并标准规范化，然后采用事物特性表的主文档技术，获得了有效的结果[17]。通过事物特性表[18]建立产品零部件的数据库并对其中的特性加以描述，规定特性数据的表示形式，以便在不同的系统中方便地交换这些特性数据。

随着本体技术的不断成熟及知识图谱项目的大量应用，对企业已有产品模型和设计经验加入本体技术来表示产品的语义信息将成为可能。通过有效地描述产品模型的语义信息，可以更快地理解用户个性化的定制需求，提高搜索产品信息的效率，缩短产品生产期限，从而简化设计制造过程，降低企业用人成本，提升企业的市场竞争力。

1.2　产品定制中的研究问题

在《产品几何规范的知识表示》[19]一书中，针对"几何规范在 CAD/CAM/CAT 系统之间的信息传递不畅"等问题，通过汲取语义网领域中的相关技术，已经对公差指标的自动生成和形状公差的实现进行了详尽的说明。本书将针对公差综合优化问题、装配序列问题和工艺物料清单（BOM）中的知识表示问题等进行说明，通过使用网络本体语言（OWL）来构建相应的知识库，并基于语义网规则语言（SWRL）建立相关的约束规则库，以便完善产品定制的知识库。

1.2.1 公差综合优化问题

通常机械产品的设计和制造都会和零件的装配问题有关，而装配公差是机械产品设计过程中的重要信息，它不仅影响着产品的装配质量，而且直接决定着产品的制造成本[20]。对此，在机械产品设计过程中，公差设计具有非常重要的地位，合理地指定装配公差类型和装配公差值是影响产品性能指标和制造成本的一个重要环节，也是当前计算机辅助公差（CAT）设计中研究的主要内容，由于计算机辅助公差设计的发展落后于计算机辅助制造（CAM）和计算机辅助工艺设计（CAPP），计算机辅助技术（CAX）集成发展出现瓶颈[21]。因此，计算机辅助公差设计也成为当前国内外学术界研究的热点问题之一[22]。

公差设计（tolerance design）是指在产品设计过程中，研究装配公差类型的选择、基准参考框架的确定及装配公差值的初步确定等内容[23]。在传统的公差设计过程中，一般是设计人员根据自身的经验和查阅手册、参考公差标准来指定，但在公差标准中并没有给出相应的确定规范公差的方法[24]。公差综合（tolerance synthesis）也称为公差值的优化分配，通常是指产品设计过程中，在满足产品装配功能需求的前提下，以产品总的加工成本最低为目标的公差分配过程[25]。公差综合主要有以下几个方面的研究内容：成本-公差模型的研究，遗传算法、模糊神经网络算法和模拟退火算法等公差优化算法，公差综合设计方案，等等。在产品加工过程中，公差的选取直接影响其加工成本和质量，所以对于大批量生产而言意义重大。评价公差设计为优的主要标准是：要尽可能地使产品具有质量较高、加工容易和成本低三大特点[26]。

在当前的主要计算机辅助设计（CAD）软件中，公差设计方面主要还是凭借设计者过去的经验知识，通过查询公差对应表并辅之一定计算来实现。由设计人员手工指定不仅效率很低，而且标注的公差类型通常都不易更改和保存。CAD软件的开发在一定程度上克服了这些问题，同时 ISO 14405-1：2016[27]等新的公差标准的制定，为研究公差设计方面的问题提供了一种新的解决方案。但在实际的生产加工中，有关公差的标准也在不断地更换，而且就目前来说，这些新的标准在装配公差类型和装配公差值的生成上也没有很好的办法[28]。因此，怎样自动并且能够合理地生成装配公差类型和装配公差值，成为制约 CAX 软件集成的瓶颈问题，主要原因有以下几个方面。

（1）在实际的生产加工中，装配公差综合通常是由设计人员在 CAD 软件或设计图纸中手工指定的[29]，所以装配公差综合很大程度上依赖设计人员对产品功能需求、选择材料和加工过程的经验判断。不同的设计人员很可能对同一个几何特征指定不同的装配公差规范。一个简单的产品设计造成的影响可能没有那么大，但是对于一个复杂的产品而言，它会极大地增加装配公差综合设计的不确定性，从而影响产品的质量[30]。

（2）复杂产品的公差规范通常是一个高度协作的过程，设计人员需要根据零件的装配功能需求，综合考虑装配公差类型、装配公差值和公差原则等影响因素[31]。而由于技术分工上的不同，一个复杂产品的公差设计一般是由几个设计人员共同来完成的，所以设计人员希望能在公差信息的语义层面上实现共享，以应对不同的人在经验上的差异，这对现今的 CAD 软件在语义互操作性上提出更进一步的要求[32]。

（3）不同的 CAX 软件都是基于各自的内核系统开发的，它们大多数在数据的存储、文件保存格式和信息表示等方面有所不同，数据交换存在语义障碍，这就使得异构的 CAX 系统在数据的共享和传递两个方面存在较大的阻碍，产品设计的效率较低，从而也制约了 CAX 软件的集成发展。

1.2.2　装配序列规划问题

伴随着经济全球化，制造业企业面临着竞争巨大、成本上涨、利润压缩等难题，因而在产品设计阶段就采用先进设计制造理念是信息化时代对制造企业的新要求。据统计，设计阶段决定了产品加工费用的 70%～80%，其中装配费用占加工费用的 40%，随着市场对产品要求的提高，产品日益复杂，装配费用将占有更高的比例[33]。装配是产品制造的最后一道工序，也是决定产品制造工艺、质量和成本的重要因素。因此，装配序列规划在产品设计开发阶段占重要的地位。

原始的装配序列规划依靠产品设计师根据设计文档和自身的装配经验进行规划，虽然装配经验保证了序列的合理性，但是该方法在分析与制造复杂产品时，需要大量的设计师协同工作，并且随着零件数增加，效率也急剧降低，其结果的可行性也难以保证。随后，计算机作为辅助工具来改善人工方式，早期的主要方法集中在图论，然而基于图论的方法往往存在"组合爆炸"问题，其计算的零件数目以 20 个以下为宜，并且该方法需要大量的人机交互。近年来，随着计算机技术在制造领域的应用逐渐成熟，人工智能方法逐渐被应用到装配序列规划，但是仍然存在模型信息提取不便、模型矩阵生成不完善及模型工艺信息不完整等诸多问题[34]。因此，进一步减少人为不稳定因素，完善装配信息和装配知识，将装配经验纳入装配序列规划方法，制定高效的规划算法，都是装配序列规划问题有待进一步研究和发展的问题。

1.2.3　工艺 BOM

BOM 文件是伴随在产品大部分的生命周期中的结构化的信息表，BOM 文件是在产品数据管理（PDM）系统中重点管理的重要资料，也是联系企业各部门的信息纽带[35]。在企业产品生产中各部门所使用的 BOM 文件，如产品 BOM、工艺 BOM、制造 BOM 等由于自动化、智能化程度低，无法自动生成，还得手工输入，并且存在着大量的重复劳动[36]。市场竞争激烈，要求企业反应市场的速度越来越快，而对产品工艺的要求也越来越高[37]。而工艺 BOM 的快速生成和高效管理也成为企业提升核心竞争力的重要一环。

然而，在个性化、智能化高速发展的今天，如何科学合理地针对 BOM 文件进行高效的管理，实现工艺 BOM 的自动转换与生成，促进知识的共享和传递，解决信息孤岛的问题，依旧存在着不少瓶颈问题，主要原因有以下几个方面。

（1）BOM 文件作为各部门之间的桥梁和纽带，在产品不同的生命周期中有着不同的内容形态，而 CAX 等多数系统都是独立发展起来的，缺乏统一的数据标准[38]，不同系统的文件格式异构无法被计算机直接识别，数据难以共享导致不同类型企业或企业中不同部门数据传递共享存在障碍、效率低下的问题。

（2）工艺是制造的灵魂，但工艺知识的广泛性、隐含性、多样性、复杂性等特点[39]，导致工艺领域在知识管理环节的滞后[40]，也使得工艺 BOM 的编制需要 BOM 编制人员和工艺人员共同完成，这就导致工艺 BOM 生成效率低下，难以跟上时代步伐，缺乏自动化生成方式。

（3）BOM 文件从设计到生产，再到产品的销售，贯穿了产品的大部分生命周期，随着产品不断地变换形态，大量的文件散乱分布在企业不同的部门的计算机中，文件缺乏统一的管理。特别是个性化需求带来的数量庞大的不同版本的 BOM 文件，依旧缺乏有效的版本管理方法来指引设计者或使用者进行文件的修改、存储及调用，信息查询困难，缺乏安全性，经常造成文件信息的丢失，使其管理和损耗产生了巨大的费用开支。

1.3　信息技术的发展

1.3.1　语义网介绍

知识的记录和传播保证了人类的发展和延续。在科技日益发达的今天，Web

使人们使用知识的形式发生了很大改变。随着信息技术的发展，计算机和网络信息已经渗透到了人们的生活中，人们的工作和生活方式也已经越来越离不开计算机 Web。在如今这个 Web 信息势头迅猛的发展时代，人们获取知识的途径和对知识的应用方式与 Web 有了密不可分的联系。Web 中的应用可以让人们搜索和使用信息，也可以方便人们之间进行联系。在 20 世纪 90 年代初，Web 由 Tim Berners-Lee 创建，目的是让人们通过网络来获取各种信息[41]。在 Web 1.0 时代，用户只可通过浏览器来获取信息，而不能对网络信息进行交互，这个时期的 Web 以数据为核心。随着网络信息的迅速膨胀，网络信息变得繁杂，信息的可信度也变得越来越低，因此出现了第二代网络，Web 2.0。Web 2.0 较 Web 1.0 具有了更强的信息表示能力，在不同的层面上适应了人们的需求，它是以用户为核心的。Web 2.0 时代的用户，既可以看作网络信息的使用者，也可作为网络内容和服务的提供者[42]。随着网络资源的进一步膨胀及用户对网络资源的需求扩大，用户不再满足于对网络资源的传统使用能力，用户需要的是智能化的人与人或人与机器之间的交互。这就要求 Web 具备对自身信息的处理能力。这时候，第三代 Web 即语义网迅速崛起。语义网通过使用元数据来对网络上的资源进行语义上的描述，让计算机能够解释这些信息并对这些信息进行相关的处理。

语义网[43]由分层的体系结构构成，如图 1.1 所示。第一层统一资源标识符（URI）和统一编码（unicode）是整个语义网的基础，URI 用来为资源提供标识，Unicode 将资源处理为统一字符编码的形式。第二层可扩展标记语言（XML）和 XML 模式（XMLS）是语法层，用来表示数据资源的内容和结构，它是在超文本标记语言（HTML）基础上开发的，可规范化和标准化语义网上的资源信息，但 XML 所描述的图像、音频等内容难以被应用软件处理，因此需要相应地提供元数据，用以描述 XML。第三层资源描述框架（RDF）和 RDF 模式（RDFS）用来描述语义网上的资源信息，属于数据层，RDF 是万维网联盟（W3C）用于描述和处理元数据的推荐方案，并且对数据资源提供一定的语义描述。但是，XML 和 RDF 对定义没有限制，会引起词汇描述的歧义性。而 RDFS 是对 RDF 的补充和说明，虽然 RDFS 通过定义类和属性描述了数据资源中类和属性的关系，但是其定义限制太多，描述能力也很弱，因而需要引入具有更强描述能力的本体。第四层本体层用来描述各类资源及其中的关系。本体是概念化的形式化说明，概念化用来表明描述的对象，形式化则是说本体是可被计算机处理的形式。同时，本体也具有共享性[44]。OWL 是 W3C 推荐用来描述本体的网络本体语言。本体的优势是信息共享、语义互操作和知识重复使用，因此，在计算机科学和人工智能方面有很大的应用[45]。本体技术也广泛应用于机械设计、自然语言处理、数字化图书馆等领域中[46]。上面的三层分别是统一逻辑、验证和信任层，这三层在下面四层的基础上对数据进行逻辑推理操作、验证及与用户进行交互[47]。

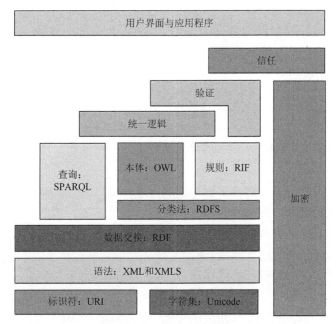

图 1.1　语义网的体系结构

RIF 为规则交换格式（rule interchange format）；SPARQL 协议和 RDF 查询语言
（SPARQL protocol and RDF query language）

1.3.2　本体技术的发展

本体现在较为认可的概念是 1993 年 Gruber[48]提出的"概念模型的明确的规范说明"。一般来说，本体可以描述一个领域内各种概念之间存在的关系，能够让这些概念和关系成为行业内大家明确的和公认的定义[43]。本体在信息的共享、语义的互操作和知识重复使用等方面优势明显[49]。本体最早是哲学领域的研究内容，后来在计算机科学人工智能和知识工程领域应用广泛，由于其优点突出，目前本体已被广泛应用于语义 Web 服务、自然语言处理、数字图书馆和机械工程等领域[50]。

20 世纪 90 年代初期，美国国防部高级研究计划局等政府部门就联合提出了一项知识共享计划，目的是研究一种能够实现信息共享和重复使用的知识库系统。斯坦福大学、美国电话电报公司等都参与其中，对本体的研究也是这项计划的核心部分，推出了高性能知识库系统项目高性能知识库（high performing knowledge base，HPKB），这种知识表示工具可以使知识库具有良好的表达能力，共享性和重复使用性都得到很大的提高[51]。随后 Borst 等[52]构建了动态物理系统模型部件知识库，在汽车领域的工程设计中，实现了知识的共享和重复使用。为了使信息共享和传递能在产品生产的各阶段得到实现，Sudarsan 等[53]提出了基于本体的几何产品信息模型框架，它以美国国家标准与技术研究院（National Institute

of Standards and Technology，NIST）中的核心产品模型为基础，从产品各阶段生命周期管理出发，提供了一种信息交换协议，使得信息的共享和传递能在异构的 CAX 系统之间实现。浙江大学研究团队在本体应用到机械工程方面的研究成果也很突出，例如，吴健等[54]在基于本体的产品配置知识和配置模型等方面进行了相关研究；Channa 等[55]对基于本体的产品信息集成有过深入的研究；孙刚等[56]对协同产品开发中的知识共享问题开展研究，并提出了本体内涵树（tree of ontology essence，TONE）本体模型；宋荣等利用 Protégé 本体编辑软件构建了轴承锈蚀领域知识的本体。

　　本体最主要的优点是能够实现知识的共享，可以有效地克服设计人员需要重新构建知识库的问题。但是目前国内的研究更多地在于对原型的研究，没有能够全面地构建特定的领域本体[50]。而本体在机械工程领域中，仍然有很广泛的潜在应用，如产品模型的构建、异构 CAX 系统之间信息的传递等。

　　本体的表示也需要良好的描述语言，用于知识的表示和推理。描述逻辑作为一种用于知识表示的形式化语言，能够较好地表示本体的形式化定义。描述逻辑的基本部件由三部分组成：概念、角色和个体，概念描述了个体集合的共同属性[57,58]。Schmidt-Schauß 等[59]在 1991 年就构建了一个基本的描述逻辑系统定语概念语言（ALC），并给出了 ALC 的语法、语义和判定算法。Horrocs 等[60]在之后进一步扩展，提出了基于 ALC 的扩展描述逻辑系统。采用描述逻辑的主要优势在于它不仅有较强的描述能力，而且能保证相关推理的可判定性。

1.4　本　章　小　结

　　本章首先介绍了机电产品定制的背景和现状，引出产品定制中的问题：公差综合优化问题、装配序列规划问题及工艺 BOM 问题等。然后介绍了信息技术的发展：语义网及本体技术的发展情况，本书也将通过语义网和本体技术来解决上述问题。

第 2 章　基本理论技术

2.1　概　　述

本体是指在共享的概念模型上，具有的明确形式化规范说明[48]，它可以使一个领域的概念和关系成为行业内明确、公认的定义。本体在信息的共享、语义的互操作和知识重复使用等方面优势明显。为了支持对领域知识的表示和推理，需要用结构良好的语言对本体进行表示。描述逻辑是一种用于知识表示的形式化系统语言，通过定义应用领域的概念、属性和它们的结构关系，从而刻画领域内的个体信息[61]。其中，概念是对个体的集合中相同属性的描述，可以理解为个体集合的一元谓词，角色是对象之间存在的一种二元关系。

变动几何约束理论基于群论分析了特征几何变动的对称 Lie 子群，研究了七类对称特征[62]。将几何特征之间的变动几何约束划分为自参考、互参考和配合变动几何约束，为形状公差和位置公差的综合设计奠定基础，其中包括了 7 种自参考变动几何约束和 13 种互参考变动几何约束。

PDM 即产品数据管理，是一项用来管理所有与产品相关的过程的技术[63]。企业通过实行数字化管理，实施 PDM 可以提高企业信息管理效率，降低管理成本。虽然一个成熟的 PDM 系统能够对产品全生命周期数据和过程进行有效管理，但是一般的 PDM 系统并不能很好地在整个产品生命周期中使与产品相关的异构数据得到良好的传递与共享[64]。产品在形成过程中会产生多种不同的物料项，这些反映了物料项之间关系的集合便是 BOM，同时 BOM 也表达了产品的物料项之间的语义关系，在大多数的工程领域之中 BOM 常常称为产品结构表[65]。针对工艺 BOM，主要有以下三点：第一是工艺 BOM 中的装配关系、工艺关系等物料项之间的语义关系；第二是 BOM 内容与相关知识间的结构化的方法和表示；第三是不同种类 BOM 如产品 BOM 到工艺 BOM 之间的自动推理转换。

在收集分析领域知识后，需要用 OWL 构建相应的结构化知识。由于 OWL 没有约束知识规则的表示能力，所以需要应用 SWRL 对公差综合优化设计、工艺 BOM 等的变动几何约束知识和专家经验知识进行表达。产品定制知识库系统的构建需要有 OWL 表示的结构化知识和 SWRL 表示的约束化知识，并根据设计人员的实际需求构建个体执行推理，进而解决工程问题。

2.2　公差信息介绍

2.2.1　7个恒定类

在基于要素的 CAD 系统中，公差实质上是要素的几何变动，因此可通过研究几何变动来研究公差[62]。Srinivasan[66]根据对称群理论，采用刚体运动学分析方法，研究了要素的几何变动的数学基础，并从数学和工程角度对要素进行了分类。

零件的实际组成要素相对于理想要素而言存在几何变动。Srinivasan 将单位几何变动定义为对要素没有施加任何几何变动，逆几何变动定义为对原几何变动实施逆操作。从离散数学的角度上看，要素的几何变动构成了群，原因如下。

（1）对要素连续地施加两个几何变动等价于对其施加单个几何变动。

（2）对要素连续地施加三个几何变动等价于对其施加两个连续的几何变动。

（3）存在单位几何变动等价于对要素没有施加任何几何变动。

（4）对于每个几何变动，都存在着逆几何变动，使得其被施加后相应的要素的几何位置保持不变。

设 $<G, \star>$ 是一个代数系统（其中 G 为几何变动的集合，$\star$ 为几何变动运算）；v 为几何变动；F 为几何要素的集合；$v(F)$ 为对 F 实施几何变动后的结果；i 为单位几何变动；v^{-1} 为 v 的逆几何变动，则以上结论的形式化证明如下。

（1）$\forall v_1, v_2 \in G$，若 $v_3(F) = v_1(F) \star v_2(F)$，则 $v_3 \in G$，即 $\star$ 运算对 G 封闭。

（2）$v_1(F) \star (v_2(F) \star v_3(F)) = (v_1(F) \star v_2(F)) \star v_3(F)$（其中，$v_1$，$v_2$，$v_3 \in G$），即在 G 中 $\star$ 运算是可结合的。

（3）$\exists i \in G$，使得 $i(F) = F$，即 G 中存在幺元。

（4）$\forall v \in G$，$\exists v^{-1} \in G$，使得 $v^{-1}(F) \star v(F) = F$，即 G 中的每一个元素都存在逆元。

因此，代数系统 $<G, \star>$ 是一个群。

设集合 S 是集合 G 的某个子集，则代数系统 $<S, \star>$ 也满足以上 4 个性质，即 $<S, \star>$ 也是一个群，且是 $<G, \star>$ 的一个子群。例如，假设 $T(3)$ 为几何要素在三维空间中的所有平动的集合，$R(3)$ 为几何要素在三维空间中的所有转动的集合，则 $<T(3), \star>$ 和 $<R(3), \star>$ 都是 $<G, \star>$ 的子群。显然，对于三维空间而言，$<T(3) \times R(3), \star>$ 和 $<G, \star>$ 是等价的。

Srinivasan 指出，$<T(3) \times R(3), \star>$ 是 Lie 群，在它的所有 Lie 子群中，存在与几何变动相关的 Lie 子群。设 $<G, \star>$ 是一个代数系统（其中 G 为几何变动的集合，$\star$ 为几何变动运算）；v 为几何变动；i 为单位几何变动；PT 为任意固定点；SL 为任意固定直线；PL 为任意固定平面；SP 为欧几里得空间；$R(x)$ 为几何要素

绕 x 的所有转动的集合；$T(x)$ 为几何要素沿 x 的所有平动的集合；$S(x, \mu)$ 为几何要素关于 x 的螺距为 μ 的螺旋集，则与几何变动相关的 Lie 子群有如下 12 个。

（1）$<\{v\}, \star>$。

（2）$<\{i\}, \star>$。

（3）$<R(\mathrm{pt}), \star>$。

（4）$<T(\mathrm{sl}), \star>$。

（5）$<T(\mathrm{pl}), \star>$。

（6）$<T(\mathrm{sp}), \star>$。

（7）$<R(\mathrm{sl}) \times T(\mathrm{sl}), \star>$。

（8）$<R(\mathrm{sl}) \times T(\mathrm{sp}), \star>$。

（9）$<S(\mathrm{sl}, \mu), \star>$（其中 $\mu \neq 0$）。

（10）$<S(\mathrm{sl}, \mu) \times T(\mathrm{pl}), \star>$（其中 $\mu \neq 0$ 且 $\mathrm{sl} \perp \mathrm{pl}$）。

（11）$<R(\mathrm{sl}), \star>$。

（12）$<R(\mathrm{sl}) \times T(\mathrm{pl}), \star>$（其中 $\mathrm{sl} \perp \mathrm{pl}$）。

为进一步研究以上 12 个 Lie 子群，Srinivasan 给出了仅仅处理几何变动的自同构概念的定义。在欧几里得空间中，几何要素的集合 S 的自同构 Aut(S) 是保持 S 不变的几何变动的集合，即 Aut(S) = $\{v \mid \forall v \in G$ 且 $v(S) = S\}$。

设 v 为几何变动；$v(S)$ 为对 S 实施几何变动后的结果；i 为单位几何变动；v^{-1} 为 v 的逆几何变动，下面证明 $<$Aut(S), $\star>$ 是一个群。因为：

（1）$\forall v_1, v_2 \in$Aut(S)，若 $v_3(S) = v_1(S) \star v_2(S) = S$，则 $v_3 \in$Aut(S)，即 $\star$ 运算对 Aut(S) 封闭；

（2）若 $v_1, v_2, v_3 \in$Aut(S)，则 $v_1, v_2, v_3 \in G$，从而 $v_1(S) \star (v_2(S) \star v_3(S)) = (v_1(S) \star v_2(S)) \star v_3(S)$，即在 Aut($S$) 中 $\star$ 运算是可结合的；

（3）因为 $i(S) = S$，故 $i \in$Aut(S)，即 Aut(S) 中存在幺元；

（4）因为 $\forall v \in G$，$\exists v^{-1} \in G$，使得 $v^{-1}(S) \star v(S) = S = v(S)$，故 $v^{-1}(S) = i(S)$，从而 $v^{-1} \in$Aut(S)，即 Aut(S) 中的每一个元素都存在逆元。

所以，代数系统 $<$Aut(S), $\star>$ 是一个群。事实上，由于 Aut(S) 是 G 的一个子集，故 $<$Aut(S), $\star>$ 是 $<G, \star>$ 的一个子群。那么，$<$Aut(S), $\star>$ 是不是 $<G, \star>$ 的一个 Lie 子群呢？对于这个问题，Srinivasan 给出了答案：

（1）若 S 是封闭的，则 $<$Aut(S), $\star>$ 是 $<G, \star>$ 的 Lie 子群；

（2）若 cl(S)\S（其中 cl 表示集合的闭包，\表示集合的差分）是封闭的，则 $<$Aut(S), $\star>$ 是 $<G, \star>$ 的 Lie 子群。

第（2）条对几何建模来说非常具有普遍性，在几何建模中使用的集合和它们的边界元素都满足该条件，因此，在实际应用中，可认为 $<$Aut(S), $\star>$ 是 $<G, \star>$ 的 Lie 子群，从而 $<$Aut$_0$(S), $\star>$ 是 $<G, \star>$ 的连通 Lie 子群，其中 Aut$_0$(S) 表示

包含单位几何要素的 Aut(S)的连通子集。所以，$\text{Aut}_0(S)$必定属于上面所列的 12 个
Lie 子群中的一个。然而，在以上 12 个 Lie 子群中，第（1）、（6）、（8）、（10）和
（12）个 Lie 子群不能保证集合 S 不变，即不满足自同构的要求，故它们都是非对
称的 Lie 子群。因此，12 个 Lie 子群中还剩 7 个对称的 Lie 子群，如下。

（1）$<R(\text{pt}), *>$。

（2）$<R(\text{sl}) \times T(\text{sl}), *>$。

（3）$<T(\text{pl}), *>$。

（4）$<S(\text{sl}, \mu), *>$（其中 $\mu \neq 0$）。

（5）$<R(\text{sl}), *>$。

（6）$<T(\text{sl}), *>$。

（7）$<\{i\}, *>$。

当要素沿 x、y、z 轴方向变动（variation）时，要素的形状、尺寸和位置保持
不变的特性称为恒定度（DOI），反之则称为自由度（DOF）。如果将几何要素视
为一个刚体，根据刚体运动学，几何要素在空间的位移可通过 6 个自由度参数来
描述。刚体在空间的变动有平动（translation）和转动（rotation），与之对应的自
由度分别为平动自由度和转动自由度。以图 2.1 所示的点、直线和平面为例，点
只有 x、y、z 三个方向平动的 DOF ［图 2.1（a）］；直线只有沿 x、y 两个方向平动
和绕 x、y 两个方向转动的 DOF ［图 2.1（b）］；平面只有沿 x 方向平动和绕 y、z
两个方向转动的 DOF ［图 2.1（c）］。

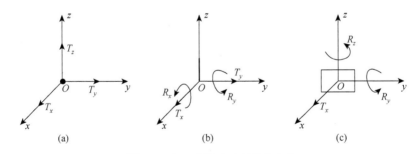

图 2.1　点、直线及平面的自由度

各局部坐标系建立得不一样，各几何要素具有的 DOF 也不一样。但是，无论
要素在空间的位置如何，以下表达式恒成立：

$$\text{DOF(feature)} \cap \text{DOI(feature)} = \varnothing$$

$$\text{DOF(feature)} \cup \text{DOI(feature)} = \{T_x, T_y, T_z, R_x, R_y, R_z\}$$

其中，DOF(feature)表示几何要素 feature 的所有自由度的集合；DOI(feature)表示
几何要素 feature 的所有恒定度的集合；T_x、T_y、T_z 分别为几何要素沿 x、y、z 轴
的平动；R_x、R_y、R_z 分别为几何要素绕 x、y、z 轴的转动。

为使产品几何规范（GPS）与几何要素紧密相连，根据上面得出的 7 个对称的 Lie 子群，可将 GPS 中的理想要素分为如表 2.1 所示的 7 个恒定类。

表 2.1　GPS 中的 7 个恒定类

对称的 Lie 子群	实际组成要素	装配特征表面	拟合导出要素	Aut_0（S）	DOFs
$<R(\text{pt}), *>$		Spherical（球面）	PT（点）	R（3）	T_x, T_y, T_z
$<R(\text{sl}) \times T(\text{sl}), *>$		Cylindrical（圆柱面）	SL（直线）	T（1）$\times R$（1）	T_x, T_z, R_x, R_z
$<T(\text{pl}), *>$		Planar（平面）	PL（平面）	T（2）$\times R$（1）	T_z, R_x, R_y
$<S(\text{sl}, \mu), *>$		Helical（螺旋面）	(PT, SL)（点，直线）	T（1）$\times R$（1）	T_x, T_z, R_x, R_z
$<R(\text{sl}), *>$		Revolute（旋转面）	(PT, SL)（点，直线）	R（1）	T_x, T_y, T_z, R_x, R_z
$<T(\text{sl}), *>$		Prismatic（棱柱面）	(SL, PL)（直线，平面）	T（1）	T_x, T_z, R_x, R_y, R_z
$<\{i\}, *>$		Complex（复杂面）	(PT, SL, PL)（点，直线，平面）	I	T_x, T_y, T_z, R_x, R_y, R_z

表 2.1 中，$T(m)$表示保持要素在空间位置恒定的 m 个独立的平动；$R(n)$表示保持要素在空间位置恒定的 n 个独立的转动；I 表示单位几何变动；T_x、T_y、T_z 表示几何要素沿 x、y、z 轴的平动，R_x、R_y、R_z 表示几何要素绕 x、y、z 轴的转动。

2.2.2　几何变动中的空间关系

由变动几何约束理论[62]可知，各个恒定类对应的几何要素之间会因几何变动而产生某些特定的空间关系，故可通过研究各个恒定类对应要素的几何变动来研究这些空间关系。为方便描述，用三元组（M, N, f）来表示要素的几何变动，其

中 M 为约束要素，N 为被约束要素，f 为 M 对 N 施加的几何变动。事实上，f 是从 M 到 N 的映射，即 $f: M{\rightarrow}N$。

对于几何变动（M, N, f），若令 M 为某零件中的一个拟合导出要素，N 为 M 对应的实际组成要素，则可得到如表 2.2 所示的 7 种自参考几何变动[62]。类似地，若令 M 为某零件中的一个拟合导出要素，N 为该零件中的另一个拟合导出要素，则可得到 49 种互参考几何变动[62]。为简化公差设计，规定三元组（M, N, f）中 M 和 N 的取值只能是单一的点（PT）、直线（SL）或平面（PL），其他复杂的取值均可分解为多个简单取值。例如，图 2.2 所示的互参考几何变动"（PT1, SL1）$\rightarrow$ PL2"可分解为两个互参考几何变动"PT1$\rightarrow$PL2"和"SL1$\rightarrow$PL2"。

表 2.2　自参考几何变动

记号	约束要素	被约束要素	理想特征表面	实际特征表面	空间关系	DOFs
S01	PT	Spherical	理想球面	实际球面	CON	T（3）
S02	SL	Cylindrical	理想圆柱面	实际圆柱面	CON	T（2），R（2）
S03	PL	Planar	理想平面	实际平面	CON	T（1），R（2）
S04	(PT, SL)	Helical	理想螺旋面	实际螺旋面	CON	T（2），R（2）
S05	(PT, SL)	Revolute	理想旋转面	实际旋转面	CON	T（3），R（2）
S06	(SL, PL)	Prismatic	理想棱柱面	实际棱柱面	CON	T（2），R（3）
S07	(PT, SL, PL)	Complex	理想复杂面	实际复杂面	CON	T（3），R（3）

表 2.2 中，$T(m)$ 表示保持要素在空间位置恒定的 m 个独立的平动；$R(n)$ 表示保持要素在空间位置恒定的 n 个独立的转动；CON 表示约束（constrain）。

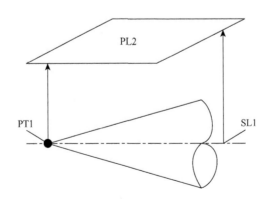

图 2.2　旋转面与平面之间的几何变动

按照以上规定，约束要素和被约束要素均为单一的点、直线或平面的互参考几何变动共有 27 种（表 2.3），将这 27 种互参考几何变动称为基本互参考几何变动[62]，49 种互参考几何变动中的每一种均可看成是这 27 种基本互参考几何变动的某一种或某几种的组合。

表 2.3　基本互参考几何变动

约束	被约束								
	被约束 PT			被约束 SL			被约束 PL		
	记号	空间关系	DOFs	记号	空间关系	DOFs	记号	空间关系	DOFs
约束 PT	C01	COI	$T(3)$	C03	INC	$T(2)$	C05	INC	$T(1)$
	C02	DIS	$T(3)$	C04	DIS	$T(2)$	C06	DIS	$T(1)$
约束 SL	C07	INC	$T(2)$	C09	COI	$T(2),$ $R(2)$	C14	INC	$T(1),$ $R(1)$
	C08	DIS	$T(2)$	C10	PAR	$T(2),$ $R(2)$	C15	PAR	$T(1),$ $R(1)$
	—	—	—	C11	PER	$T(1),$ $R(1)$	C16	PER	$R(2)$
	—	—	—	C12	INT	$T(1),$ $R(1)$	C17	INT	$R(2)$
	—	—	—	C13	NON	$T(1),$ $R(1)$	—	—	—
约束 PL	C18	INC	$T(1)$	C20	INC	$T(1),$ $R(1)$	C24	COI	$T(1),$ $R(2)$
	C19	DIS	$T(1)$	C21	PAR	$T(1),$ $R(1)$	C25	PAR	$T(1),$ $R(2)$
	—	—	—	C22	PER	$R(2)$	C26	PER	$R(1)$
	—	—	—	C23	INT	$R(2)$	C27	INT	$R(1)$

表 2.3 中，$T(m)$ 表示保持要素在空间位置恒定的 m 个独立的平动；$R(n)$ 表示保持要素在空间位置恒定的 n 个独立的转动；COI 表示重合（coincide）；DIS 表示分离（disjoint）；INC 表示包含（include）；PAR 表示平行（parallel）；PER 表示垂直（perpendicular）；INT 表示斜交（intersect）；NON 表示异面（nonuniplanar）。

由表 2.2 和表 2.3 可得到一个完备的几何要素之间的空间关系的集合，其元素包括约束、重合、分离、包含、平行、垂直、斜交和异面。这些空间关系是构建空间关系层的基础。27 种互参考几何变动公差旋量参数约束不等式如表 2.4 所示[67, 68]，在约束关系中，x、y 和 z 分别对应各坐标轴平动方向的分量，α、β 和 γ 分别表示 x、y 和 z 轴转动方向的分量，l 表示尺寸参数值，t 表示公差值。

表 2.4 互参考几何变动公差旋量参数

名称	约束要素	被约束要素	空间关系	约束不等式
C01	PT	PT	COI	$x^2 + y^2 + z^2 \leqslant \left(\dfrac{t}{2}\right)^2$
C02	PT	PT	DIS	
C03	PT	SL	INC	$x^2 + z^2 \leqslant \left(\dfrac{t}{2}\right)^2$
C04	PT	SL	DIS	
C05	PT	PL	INC	$-\dfrac{t}{2} \leqslant z \leqslant \dfrac{t}{2}$
C06	PT	PL	DIS	$x^2 + z^2 \leqslant \left(\dfrac{t}{2}\right)^2$
C07	SL	PT	INC	
C08	SL	PT	DIS	
C09	SL	SL	COI	$(x + l \cdot \gamma)^2 + (z + l \cdot \alpha)^2 \leqslant \left(\dfrac{t}{2}\right)^2$
C10	SL	SL	PAR	
C11	SL	SL	PER	$x^2 + (l \cdot \alpha)^2 \leqslant \left(\dfrac{t}{2}\right)^2$
C12	SL	SL	INT	
C13	SL	SL	NON	
C14	SL	PL	INC	$-\dfrac{t}{2} \leqslant z + l \cdot \gamma + l \cdot \alpha \leqslant \dfrac{t}{2}$
C15	SL	PL	PAR	
C16	SL	PL	PER	
C17	SL	PL	INT	
C18	PL	PT	INC	$-\dfrac{t}{2} \leqslant z \leqslant \dfrac{t}{2}$
C19	PL	PT	DIS	
C20	PL	SL	INC	$-\dfrac{t}{2} \leqslant z + l \cdot \alpha \leqslant \dfrac{t}{2}$
C21	PL	SL	PAR	
C22	PL	SL	PER	$(l \cdot \gamma)^2 + (l \cdot \alpha)^2 \leqslant \left(\dfrac{t}{2}\right)^2$
C23	PL	SL	INT	
C24	PL	PL	COI	$-\dfrac{t}{2} \leqslant z + l \cdot \gamma + l \cdot \alpha \leqslant \dfrac{t}{2}$
C25	PL	PL	PAR	
C26	PL	PL	PER	$-\dfrac{t}{2} \leqslant z + l \cdot \alpha \leqslant \dfrac{t}{2}$
C27	PL	PL	INT	

2.3 PDM 概念介绍

对于 PDM 的定义历来众口纷纭，不同的时代或领域专家都各有不同的答案，

CIM data 是一家国际著名的工业咨询公司，它将 PDM 定义为 "一种帮助工程师和其他人员管理产品数据和产品研发过程的工具，PDM 系统确保跟踪设计、制造所需的大量数据和信息，并由此支持和维护产品。"[69] 在 PDM 的发展历程中人们对其定义的认识不尽相同，现今被大众所普遍认可的定义是 "PDM 是一门用来管理所有与产品相关信息和所有与产品信息相关过程的技术[64]"。PDM 技术既是为企业设计和生产构筑一个并行工作环境的关键使能技术[70]，也是一种建立在数据库基础上的软件技术[71]。

现今市面上的 PDM 产品众多，其中依据研究实际需求中车信息技术有限公司（原北京清软英泰信息技术有限公司）开发的 TiPDM 系统具有功能完备、界面友好的优点，能够对产品设计过程中涉及的大部分文件进行科学合理的管理。该系统主要有数据库层、服务层、应用层三个主要结构，如表 2.5 所示。

表 2.5　TiPDM 系统组成结构图

数据库层	数据库服务
服务层	TiPDM 应用服务
应用层	TiPDM 客户端模块

（1）数据库服务。在数据库层中的电子仓库（即数据库）是系统中最基本、最核心的功能，为了使用户能够透明地访问全企业的产品信息，而不用考虑用户或数据的物理位置软件，软件产品采用 SQL Server 2000 或 2005 作为 TiPDM 的数据库服务[64]。

（2）TiPDM 应用服务提供客户端用户登录服务，包括服务数据库设置、文件传输协议（file transfer protocol，FTP）存储设置、授权软件列表、登录用户列表、系统参数设置、相关工具设置、流程监控设置等功能[64]。

（3）TiPDM 客户端模块。在人机交互及系统权限方面提供了系统设置、人员、组织、角色管理等功能，在数据管理上提供了数据目录管理、图文档管理、产品结构管理、零部件管理、工作流程管理、产品报表管理等功能，另外还提供了对数据的导入和导出等功能[64]。

无论是在产品的设计阶段还是制造阶段，都会产生种类不一的 BOM，如反映产品基本属性的产品明细表、外购件汇总表等，这些 BOM 表在产品管理过程中起着关键的作用，因此，在企业信息化中，BOM 的汇总管理能力便显得尤为重要。TiPDM 系统针对这样的需求，为用户提供了相应的报表汇总管理模块，通过TiPDM 系统实现报表汇总管理主要有以下三个方面。

（1）报表模板的管理：主要提供报表模板的创建、修改、删除、浏览等功能。

（2）报表的定制管理：提供基于某一报表模板的定制功能，可以在同一报表模板上定制多个不同的报表格式。

（3）汇总条件的定制：提供产品相关的明细表汇总条件的定制功能，可以在具体输出报表的时候，选定相应的汇总条件，以便得到用户期望的结果。

由于 TiPDM 具有较强大的报表处理能力，因此，本书将选用该软件来作为研究的主要工具。

在企业产品的设计周期中，一个产品设计的过程往往经过多阶段、多次的修改和校对，具有反复和非线性的特征。设计方案经过一系列的审核、批准等管理过程后，生成正式的版本后才能使用投产。在这一过程中设计文件经过修改更新，会产生大量的不同版本的文件，而设计者往往希望能访问先前的中间结果，或者在设计不理想时也会对往期的设计过程进行回溯。不同版本的文件管理便显得尤为重要，TiPDM 系统提供的版本管理功能非常强大，为管理 BOM 及图文档等文件提供了非常实用的版本管理功能，在 TiPDM 中对设计文档或 BOM 文件进行更改操作，系统会自动生成新版本，但是依旧会保留原来的旧版文件，而且通过系统可以对新旧两个版本的文件进行差异对比。

2.4　本　体　技　术

2.4.1　本体及网络本体语言（OWL）

本体（ontology）原本是一个哲学概念，被定义为"存在论，即对世界上客观存在的系统描述"，随着人工智能的发展，该概念才被引入了科学界。1993 年由 Gruber[48]较早地给出本体的定义，被人们接受并广泛应用，他认为"本体是概念模型的明确的规范说明"。1997 年，Borst 等在前人的基础上对本体的定义进行补充，他们的定义是"本体是共享概念模型的形式化规范说明"。Studer 等[72]在上述两个概念的基础上对本体进行了深入研究并提出"共享概念模型的明确的形式化规范说明"的定义。概念模型指的是与客观世界现象有关的模型被抽象后得到的模型，表现出的独立含义的具体环境状态。从形式上看本体的定义多种多样，但从本质内涵上看，各个领域的研究者对于本体的认识是一致的，他们都认为本体是一种在领域内不同概念之间进行信息交流（信息的传递、对话、共享等）的语义基础，也就是说本体提供了一种知识共享机制[20]。

本体在计算机领域中包含了 4 层：概念模型、明确、形式化和共享[72]，具体描述如下。

（1）概念模型是指客观世界现象的抽象模型。

（2）明确是指概念及它们之间的联系都被精确定义。

（3）形式化是指精确的数学描述，计算机可读。

（4）共享是指本体中反映的知识是领域共同认可的知识，是相关领域公认的概念集。

本体可以解决信息共享问题，使产品信息在设计、制造、检测的过程中实现信息的一致和共享。在构建本体时应该遵循一定的原则，这样才能使构建的本体具有共享性和一致性。目前本体的构造方法没有一个确定的准则。但是最有影响的要数 1995 年 Gruber 提出的 5 条准则[73]。

准则 2.4.1　清晰（clarity）。本体必须有效地表达所定义术语的意思。定义应该是客观的并且是与背景独立的。如果定义可以用逻辑公理表达，那么它应该是形式化的。定义应尽可能地完整。所有定义应用自然语言进行描述。

准则 2.4.2　一致（coherence）。本体应该具有一致性，即应该支持和其定义相一致的推理。它所定义的公理和自然语言说明的文档都应具有一致性。

准则 2.4.3　可扩展性（extendibility）。本体应为可预料到的任务提供一些基础概念。应该支持在已有的概念基础上定义新的概念，从而满足一些特殊的需求，而无须修改已有概念的定义。

准则 2.4.4　编码偏好程度最小（minimal encoding bias）。描述的概念不应依赖于某一特殊符号。因为实际中采用的系统可能使用了不同的知识表示方法。

准则 2.4.5　本体约定最小（minimal ontological commitment）。本体的约定应最小，只要能满足特定知识的共享需求便可。这些可以通过定义约束最弱的公理和只定义交流所需的基本词汇来保证。目前在构建某个特定领域本体时都需要领域专家的参与，这样就保证了本体的最小约定。

本体的构建方法有很多，应用较为广泛的是斯坦福大学的 Noy 等提出的七步法，具体步骤如下：①确定本体的应用领域；②考虑是否存在现有的本体；③将重要的术语列出；④定义类的层次关系；⑤定义属性的层次关系；⑥定义属性的限制；⑦创建类的实例。本体的构建可以采用自顶向下的方法，目的是便于将来进行扩展和重复使用。

OWL 是一种语义网中描述本体语言的标准，由三个子语言构成。其中 OWL Lite 是一种轻量级的语言，它提供一些相对比较简单的语言要素，对设计人员来说容易理解和掌握，推理可靠性强，但缺点是它的描述能力较弱。OWL DL 描述能力更强一些，有计算效率的同时还有较强的推理能力，但缺点是无法与资源描述框架（RDF）兼容。OWL Full 的描述能力最强，但也因为它存在的不可判定性而无法拥有完全的推理，所以它比较适合在一些需要较强的描述能力和语法自由，而对计算要求度不高的情况下使用。设计人员可以综合考虑推理能力和描述能力两个方面来选择语言。

OWL 本体中类的定义一般由两部分构成，分别是引用名称和限制列表，如关于动物的定义，动物类既是食肉动物的父类，又是狮子类的父类，食肉动物也是狮子类的父类。

```
<owl:Class rdf:ID="Animal"/>
<owl:Class rdf:ID="Carnivore"/>
<owl:Class rdf:ID="Lion">
<owl:subClassOf  rdf:resource="#Animal"/>
</owl:Class>
<owl:Class rdf:about="#Lion">
<rdfs:subClassOf  rdf:resource="#Carnivore"/>
</owl:Class>
```

属性表示类和类之间的关系，通常是一个二元关系。在 OWL 中，有对象属性和数据属性，对象属性表示类和个体之间的关系，数据属性表示类的个体和文字数据之间的关系，如关于同辈属性的定义，对象属性 has-Brother 的定义域和值域都是 Family 类，同时它是属性 has-Fellow 的子属性。

```
<owl:ObjectProperty rdf:ID="has-Brother">
<owl:subPropertyOf rdf:resource="#has-Fellow"/>
<rdfs:domain rdf:resource="#Family"/>
<rdfs:range rdf:resource="#Family"/>
</owl ObjectProperty>
```

数据属性和对象属性的区别是数据属性的值域只能是数据类型，如 string 类型、integer 类型、float 类型、double 类型等。

在描述了类和属性之后，本体还要根据具体的实例描述类的个体，如下面关于学生类的个体描述。Lee 是 Student 类下面的个体，同时也是 Class 类下面的个体。

```
<owl:Thing rdf:ID="Lee"/>
<rdf:type rdf:resource="#Student"/>
<rdf:type rdf:resource="#Class"/>
</owl:Thing>
```

2.4.2　描述逻辑

网络本体语言的逻辑基础是描述逻辑（DL）。描述逻辑是一阶谓词逻辑的子集，它是一种用于描述知识的形式化工具，可以对本体进行良好的形式化定义及知识表示与推理[74]。描述逻辑的描述能力很强并且具有很强的推理能力，同时可以保证推理过程的可判定性[75]。描述逻辑的一个很重要的特征是它的推理过程设定在开世界假设中，即在一个领域的知识库中，信息的缺失在开世界假设中被认为是缺少这部分知识，而在闭世界假设中被认为是负面信息[76]。由于变型设计领域开放性的特点，在信息缺乏的情况下，采用开世界假设中的方法可以更有效地推理出所需产品零部件的信息。因而，DL 适合作为语义信息和推理问题的有效手段。早期，Schmidt-Schauß 等构建了带有语法、语义和可满足性判定算法的描述逻辑——ALC[77]。之后人们对描述逻辑进行了进一步的扩展，有时态、模态、动态、空间等方面的扩展[58]，因而，描述逻辑也有了比较丰富的家族。

在描述逻辑 ALC(D)中，由具体逻辑对象及定义在这些对象上的谓词组成的集合称为具体域，其形式定义如下。

定义 2.4.1　具体域 D 是一个形如（dom(D)，pred(D)）的二元组，其中 dom(D) 是 D 的定义域，pred(D)是定义在 D 上的所有谓词的集合。

ALC(D)的基本符号包括：①所有概念名集合 N_C；②所有角色名集合 N_R；③所有抽象域个体名集合 N_{AI}；④所有具体域个体名集合 N_{CI}；⑤所有特征名集合 N_F；⑥所有谓词名集合 pred(D)；⑦概念构造符¬、⊓、⊔、∃、∀ 和 $C\exists P$；⑧其他符号，包括概念包含于号（⊑）、概念定义号（≡）、圆括号（（））、冒号（：）、逗号（，）和点号（.）。

定义 2.4.2　若 $N_R \cap N_F = \varnothing$，则 R 是 ALC(D)的原子角色项当且仅当 $R \in (N_R \cup N_F)$，f 是 ALC(D)的特征当且仅当 $f \in N_F$。在 ALC(D)中，n 个特征的复合（记为 $f_1 f_2 \cdots f_n$，其中 n 为正整数，$f_i \in N_F$，$i = 1, 2, \cdots, n$）称为特征链，特别地，单一的特征可视为长度为 1 的特征链。

定义 2.4.3　ALC(D)的概念项可由如下产生式生成：

$$C, D \rightarrow C_i | \neg C | C \sqcup D | \forall R.C | P(u_1, u_2, \cdots, u_n)$$

其中，$C_i \in N_C$，$R \in (N_R \cup N_F)$，$P \in \text{pred}(D)$，$u_1, u_2, \cdots, u_n$ 为特征链。

将形如 C_i，$\neg C$，$C \sqcup D$，$\forall R.C$ 和 $P(u_1, u_2, \cdots, u_n)$ 的表达式分别称为原子概念、否定概念、概念析取、值限定和谓词限定。注意到，概念项之间满足 DeMorgan 律。因此，可引入形如 Top（顶概念）、Bot（底概念）、$C \sqcap D$（概念合取）和 $\exists R.C$（存在性限定）的表达式，分别作为 $C \sqcup \neg C$、$\neg$ Top、$\neg (\neg C \sqcup \neg D)$ 和 $\neg (\forall R. \neg C)$ 的缩写。在实际应用中，常常需要将复杂概念转化为原子概念，并保证每个概念项均符合否定范式的要求，转化规则如下：

$$\neg (\neg C) \Leftrightarrow C$$

$$\neg (\neg C \sqcup D) \Leftrightarrow C \sqcap D$$

$$\neg (\neg C \sqcap \neg D) \Leftrightarrow C \sqcup D$$

$$\neg (\forall R. \neg C) \Leftrightarrow \exists R.C$$

$$\neg\,(\exists R.\neg\,C)\Leftrightarrow\forall R.C$$

$$\neg\,(\forall f.C)\Leftrightarrow(\exists f.\neg\,C)\sqcup \mathrm{Top}_D(f)$$

$$\neg\,(\exists f.C)\Leftrightarrow(\forall f.\neg\,C)\sqcup \mathrm{Top}_D(f)$$

$$\neg\,P(u_1, u_2, \cdots, u_n)\Leftrightarrow P(\text{——})(u_1, u_2, \cdots, u_n)\sqcup(\forall u_1.\mathrm{Top})\sqcup(\forall u_2.\mathrm{Top})\sqcup\cdots\sqcup(\forall u_n.\mathrm{Top})$$

若 CN 是一个概念名，CT 是一个概念项，则形如 $CN\equiv CT$ 或 $CN\sqsubseteq CT$ 的表达式是术语公式，且都称为概念定义式。术语公式的有限集称为 TBox（记为 T）当且仅当每个概念名最多在 T 中某个概念定义式的左边出现一次。

定义 2.4.4　设 $\varDelta_I$ 是所有抽象域个体的非空集合，$\varDelta_D$ 是所有具体域个体的非空集合，且 $\varDelta_I\cap\varDelta_D=\varnothing$，则 ALC(D) 的解释是一个二元组 $I=(\varDelta_I, \cdot^I)$，其中 $\cdot^I$ 是解释函数，它将概念名 C 解释为 $\varDelta_I$ 的一个子集 $C^I\in\varDelta_I$，角色名 R 解释为 $\varDelta_I\times\varDelta_I$ 的一个子集 $R^I\in\varDelta_I\times\varDelta_I$，特征名 f 解释为一个从 $\varDelta_I$ 到 $\varDelta_D\cup\varDelta_I$ 的部分函数 $f^I:\varDelta_I\rightarrow(\varDelta_D\cup\varDelta_I)$。此外，解释函数 $\cdot^I$ 还必须满足如下等式：

$$\mathrm{Top}^I=\varDelta_I$$

$$\mathrm{Bot}^I=\varnothing$$

$$(\neg\,C)^I=\varDelta_I\backslash C^I$$

$$(C\sqcap D)^I=C^I\cap D^I$$

$$(C\sqcup D)^I=C^I\cup D^I$$

$$(\exists R.C)^I=\{a\in\varDelta_I|\exists b.(a, b)\in R^I\wedge b\in C^I\}$$

$$(\forall R.C)^I=\{a\in\varDelta_I|\forall b.(a, b)\in R^I\rightarrow b\in C^I\}$$

$$P(u_1, u_2, \cdots, u_n)^I=\{x\in\varDelta_I|\exists r_1, r_2, \cdots, r_n\in\varDelta_D: u_1^I(x)=r_1\}\wedge$$

$$(u_2^I(x)=r_2)\wedge\cdots\wedge(u_n^I(x)=r_n)\wedge((r_1, r_2, \cdots, r_n)\in P^D)\}$$

一个解释 I 是 TBox(T) 的一个模型当且仅当对 T 中所有形如 $CN\equiv CT$ 的术语公式都有 $CN^I=CT^I$ 及所有形如 $CN\sqsubseteq CT$ 的术语公式都有 $CN^I\subseteq CT^I$。

定义 2.4.5　令 $N_{AI}\cap N_{CI}=\varnothing$，若 C 是一个概念项，R 是一个角色项，$f_i\in N_F$，$P\in\mathrm{pred}(D)$，$a, b\in N_{AI}$，$x\in N_{AI}\cup N_{CI}$，$(x_1, x_2, \cdots, x_n)\in N_{CI}$，则表达式 $a: C$、$\langle a, b\rangle: R$、$\langle a, x\rangle: f$ 及 $(x_1, x_2, \cdots, x_n): P$ 都是断言公式，且分别称为概念断言、角色断言、特征断言及谓词断言。

断言公式的有限集称为 ABox（记为 A）。一个解释 I 是 A 的一个模型当且仅当对所有的断言公式 $(a: C)\in A$ 都有 $a^I\in C^I$、对所有的断言公式 $((a, b):R)\in A$ 都有 $(a^I, b^I)\in R^I$、对所有的断言公式 $((a, x):f)\in A$ 都有 $f^I(a^I)=x^I$ 及对所有的断言公式 $((x_1, x_2, \cdots, x_n):P)\in A$ 都有 $(x_1^I, x_2^I, \cdots, x_n^I)\in P^D$。

将所有术语公式和断言公式的有限集合称为知识库，记为 $KB=\{T, A\}$，其中 T 表示 TBox，A 表示 ABox。一个解释 I 是 KB 的一个模型当且仅当 I 同时是 A 和 T 的模型。

定义 2.4.6　设 Ψ 是一个断言公式，KB 是一个知识库，称 Ψ 相对于 KB 是一致的当且仅当存在某个模型 I 使得 $KB \vDash \Psi$；称 Ψ 相对于 KB 是不一致的当且仅当没有一个模型 I 使得 $KB \vDash \Psi$。

2.4.3　语义网规则语言（SWRL）

OWL 在表示结构化的知识方面比较便捷，但无法表示约束化的规则知识，W3C 对此在 OWL 的基础上研发了语义网规则语言[78]。它是一种用语义的方式表示规则的语言，一部分概念由 RuleML 演变而来，再结合网络本体语言形成。目前 SWRL 有基于 XML 语法的和基于 RDF 语法的两种表示方式，使得设计人员不但可以结合本体来设计相应的规则，还可以将知识和规则完全联系在一起，设计人员在编写规则时非常方便。例如，在家庭关系 SWRL 规则的编写上，对象属性 has-parent 和 has-sister 之间进行合取关系时，蕴涵了对象属性 has-aunt，那么 SWRL 规则可以表示为：has-parent（？ x，？ y）∧has-sister（？ y，？ z）→has-aunt（？ x，？ z）。

2.4.4　本体编辑软件 Protégé

本体编辑软件有较多，当前普遍采用的是由斯坦福大学研发的 Protégé 本体编辑工具[79]。底层基于 Java 平台开发，可以在多平台使用，是一种基于知识的编辑工具。Protégé 软件的主要功能是构建语言网中的本体，软件图形用户界面可以对类、属性和个体进行创建。Protégé 软件因为没有嵌入推理引擎，所以自身不能实现推理，但具有扩展性好的优点，可以安装 Jess 推理机等插件来实现推理。另外，Protégé 软件采用树形层级体系结构来显示，设计人员选择所需的项目来编辑类、属性、个体等，在使用时，不需要完全掌握本体描述语言，对于新用户容易上手。Protégé 软件的另一大好处在于可以支持中文编辑，通过安装 Graphviz 插件就可以显示中文关系。

2.5　本　章　小　结

本章主要引入了本书中的基本理论和技术。在公差信息中，讲述了 7 个恒定类及几何变动中的空间关系等。在 PDM 概念介绍中，介绍了现代的一些主流定义及 TiPDM 系统的层次结构和功能。之后，在本体技术中，介绍了本书将用到的本体及描述逻辑的基本概念和定义，并介绍了语义网规则语言及本书中所使用的本体编辑软件 Protégé。

第 3 章　公差综合优化设计方法研究

3.1　概　　述

计算机辅助公差（CAT）设计的主要研究内容包括公差表示、公差规范、尺寸链的自动生成、公差分析及公差综合[23]。当前，很多公司选择传统的公差设计方法，主要原因在于计算方法相对简单，但是常常要设计人员根据产品的实际功能需求，通过个人经验来设计。因此，产品设计质量的优劣往往由设计人员个人经验水平决定[26]，公司设计人员的设计经验就显得尤为重要。针对此问题，本章将人工智能领域中本体的思想引入公差设计中，利用本体在信息共享、知识重复使用等方面的优势，通过本体知识库来存储公差设计领域知识，在计算机辅助公差设计软件中实现专家经验知识传递和共享，为异构的 CAX 系统中公差信息的共享和传递提供一种新的思路。为了提供完整计算机辅助公差设计的理论和方法，需要在本体知识库的基础上，研究装配公差综合设计方法，本章将针对一个对开齿轮箱的子装配齿轮轴，详细地介绍如何构建它的装配公差综合领域本体知识库。

针对公差设计领域的相关问题，国内外研究学者都进行了大量的研究和实践。为了减少产品中的不确定性，Clement 等[80]提出了拓扑与技术相连表面（TTRS）模型结构，该模型将 CAD 系统中公差信息重新组织，用于实现公差类型的自动生成，但其只表现了拓扑层面上的关系。针对此问题，刘玉生等[81]提出了基于特征的层次式公差信息表示模型。这种模型的优点是能用语义来表示公差信息，考虑了技术层面上的关系，但是只能处理一定的特征种类。张毅等[82]将特征表面再次分解，把能处理的特征表面从 7 种扩展到 11 种。该模型的优点是采用多色集合表示的公差信息能处理的特征种类更多，缺点是模型生成的可选公差类型也较多，并且没有很好地解决装配公差值的自动生成问题。Borudet 等[83]将小位移矢量（SDT）参数引入公差设计领域，之后一些学者对其进行研究，例如，Teissandier 等[84]通过对 SDT 的研究，在零件装配层中运用该方法，提出了匀称的装配间隙量（PACV）模型，这种模型的优点在于能够将细微的偏差线性表示为旋量，再利用数学的方法计算出公差区域的临界值，可以用于对装配公差值的设计。胡洁[62]根据机器人运动学中的分析方法，研究了变动几何约束网络的运动学模型，并且将几何变动 7 种自参考几何变动公差和 27 种互参考几何变动公差加入模型中，为装配公差类型的自动生成提供一种新的思路，但这种方法需要大量的规则约束作为支撑，对于一个复杂的装配体来说，构建它的变动几何约束网络难度较大。

以上研究内容中，部分 CAT 商业公司采用了 TTRS 模型[85]和 SDT 模型，CATIA.3D FDMTM 软件使用了 TTRS 模型，能够自动地生成零件的可选公差类型，Anselmetti 等[86]开发团队将 SDT 运用到 3D 公差的仿真技术研究当中，并开发了公差设计系统软件，但由于技术因素，当前还没有进入市场。就目前而言，公差设计软件在很大程度上还要依赖设计人员手工操作去选择，这对公差信息在异构的 CAX 系统中进行语义的共享和传递带来一定的困难，所以运用本体在信息共享、语义互操作和知识重复使用等方面的优点，对公差分析、公差综合的自动生成和公差设计软件集成化发展都有一定的促进作用。

产品零部件的公差选取和生产成本之间有着很重要的关系，在确保装配功能需求的情况下，产品的生产成本成为决定公差分配的主要因素，因此很多企业都把它当成生产效率的重要指标，国内外科研学者也做了大量的研究。许多学者从如何建立成本-公差的数学模型出发，运用各种优化技术来对公差值进行优化。Speckhart[87]将成本和公差之间的关系曲线用指数模型来表示。Michael 等[88]提出可以将成本-公差模型采用平方倒数和复合模型的方式来表示。浙江大学杨将新等[89]在公差综合问题的研究上，提出了基于神经网络的机械加工成本-公差模型。姬舒平等[90]根据人工智能领域的研究成果，提出基于模糊综合评判的公差优化数学模型。匡兵等[91]提出应用粒子群算法进行装配公差优化。Chase 等[92]对公差的离散分配和优化问题进行了一定研究，以工艺过程中成本-公差为目标函数，不仅优化了公差，而且可以优化选择工艺路径。Dantan 等[93]提出一种称为集成公差过程的方法，之后提出在公差综合设计中，用数量化和虚拟边界的观念来研究公差综合过程。赵罡等[94]结合遗传算法和神经网络算法各自的优势，将其运用到公差综合的优化设计当中，构建了神经网络仿真成本-公差模型，并最后采用遗传算法对公差值进行优化计算。张为民等[95]根据雅可比旋量理论，把旋量参数应用到公差综合中，建立了尺寸公差、形状公差和位置公差的优化分配模型。金秋等[96]从资金在时间价值上的使用出发，构建了制造成本和质量损失的目标函数，也取得了不错的效果。

随着计算机科学技术的快速发展，CAD/CAM 软件在实际生产过程中的应用更加广泛。为了使设计人员能够在繁杂的公差规范、公差分析和公差综合等工作中逐步减少困难，还需要设计更加具备通用性的方法模型和更为有效的公差值优化算法。虽然国内外研究学者都对公差综合优化设计模型进行了大量的探讨，但形状公差和位置公差由于其种类和尺寸各方面千差万别，涉及面又较为广泛，影响因素很多，计算机辅助公差综合优化设计模型的研究进展相对较慢[97]。对此，通过构建基于本体的公差综合优化设计知识库系统，在解决产品设计过程中不确定性问题，选取合适的装配公差值及成本-公差模型上都提供了一种新的解决思路，能够在人工参与较多的情况下逐渐过渡到自动化发展。

3.2 公差综合领域本体知识库的构建

通过装配公差信息来表示装配体，在空间关系表示模型的基础上[76]，将装配体自上而下依次划分为四层，分别是零件层、装配特征表面层、空间关系层和装配公差类型层。零件层作为第一层，主要作用是提取装配体中各零件的装配约束关系，是后面三层的基础。装配特征表面层作为第二层，主要作用是提取零件层中各零件的装配特征表面，并构建装配特征表面之间的装配约束关系。空间关系层作为第三层，主要作用是确定装配特征表面层中有相互约束的特征表面几何要素之间的空间关系，为装配公差类型的生成奠定基础。装配公差类型层作为第四层，主要作用是构造几何要素的空间关系和装配公差类型之间的映射关系，用于装配公差类型的自动生成。

几何要素是构成工件几何特征的点、线、面。根据零件所描述的功能需求，将几何要素分为组成要素和导出要素两大类。为了将几何要素与产品几何规范密切联系在一起，根据 Srinivasan 等[98]对几何变动的研究，将特征表面划分为表 2.1 所示的七种。

根据产品零件的功能要求，将形位公差类型的主参数尺寸和标准公差值的系数表存放在知识库中，并考虑零件的结构、刚性和加工特征等条件，再根据适当的公差等级来确定装配公差值。

3.2.1 本体元模型的构建

本体用一组概念和术语来描述相关领域的知识，从各个层次的形式化模型上明确地给出术语间的相互关系，从而可以实现对领域知识的推理[99]。本体的构建可采用自顶向下的方法，便于以后的扩展和重复使用。

本体的体系结构应包含类、属性和个体。类表示概念，并具有一定的层次关系；属性表示概念和概念之间的关系；个体作为类的具体实例，通过属性与类相关联。

（1）定义类的层次关系。根据 3.2 节中前述部分获得的公差综合领域知识，将其中的一元关系定义为类，并表示为图 3.1 所示的层次关系。图中 Parameter 表示公差参数类，其子类 MainSize 表示零件的主参数尺寸；Screw 表示小位移旋量参数，包括 Translation 平动方向的参数和 Rotation 转动方向的参数。Assembly 表示装配体，其子类 Part 表示零件；RFS 表示 7 类理想特征表面的实际特征表面，其中 RSpherical 表示球面、RCylindrical 表示圆柱面、RPlanar 表示平面、RHelical 表示螺旋面、RRevolute 表示旋转面、RPrismatic 表示棱柱面、RComplex 表示复杂面；SIS 和 SOS 分别表示内球面和外球面，SIC 和 SOC 分别表示内圆柱面和外圆柱面，SPL 表示平面，SIH 和 SOH 分别表示内螺旋面和外螺旋面，SIR 和 SOR 分别表示内旋转面和外旋转面，SIP 和 SOP 分别表示内棱柱面和外棱柱面，SIX 和 SOX 分别表示内复杂面和外复杂面。ADF 表示导出要素，其子类 TFeature 和 DFeature 分别表示约束要素和被约束要素，TPT 和 DPT 表示约束点和被约束点、TSL 和 DSL 表示约束直线和被约束直线、TPL 和 DPL 表示约束平面和被约束平面。IFS 表示理想的特征表面。ToleranceType 表示公差类型，其子类 DimensionTolerance 表示尺寸公差；FormTolerance 表示形状公差，包括 Straightness（直线度）、Flatness（平面度）、Roundness（圆度）、Cylindricity（圆柱度）、ProfileAnyLine（线轮廓度）和 ProfileAnySurface（面轮廓度）；PositionTolerance 表示位置公差，包括 Positional（位置度）、Angularity（倾斜度）、Symmetry（对称度）、Concemtricity（同轴度）、CircularRunout（圆跳动度）、TotalRunout（全跳动度）、Parallelism（平行度）和 Perpendicularity（垂直度）。Cost-Function 表示成本-公差函数，其子类 MFeature 表示零件的加工特征。

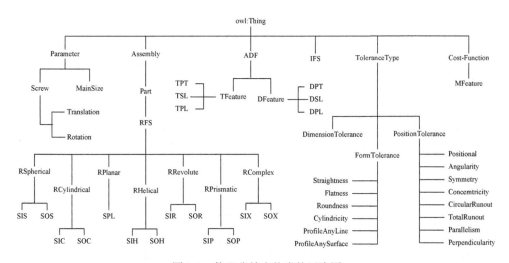

图 3.1　装配公差本体类的层次图

（2）定义属性。建立了装配体的类之后还需要创建对象属性，对象属性表示类与类之间的关系，其层次关系如图 3.2 所示。图中 has_SpatialRelation 表示几何要素之间所具有的空间关系，其子属性表示具有 has_ACR（装配）、has_CON（约束）、has_COI（重合）、has_DIS（分离）、has_INC（包含）、has_PAR（平行）、has_PER（垂直）、has_NON（异面）和 has_INT（斜交）9 种空间关系。has_MFeature

表示零件所具有的加工特征。has_ToleranceType 表示几何要素之间所具有的公差类型，其子属性表示总共具有 14 种公差类型。

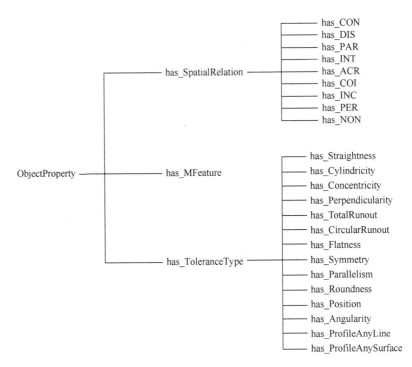

图 3.2　装配公差本体对象属性的层次图

对于上述对象属性，还需通过定义域和值域来对其范围进行约束，图 3.2 中对象属性的定义域和值域如表 3.1 所示。

表 3.1　对象属性的定义域和值域

对象属性名	定义域	值域	对象属性名	定义域	值域
has_ACR	Part	Part	has_CON	IFS	RFS
has_COI	TFeature	DFeature	has_DIS	TFeature	DFeature
has_INC	TFeature	DFeature	has_PAR	TFeature	DFeature
has_INT	TFeature	DFeature	has_NON	TFeature	DFeature
has_Straightness	IFS	RFS	has_Roundness	IFS	RFS
has_Cylindricity	IFS	RFS	has_Flatness	IFS	RFS
has_Concentricity	TFeature	DFeature	has_Position	TFeature	DFeature
has_Angularity	TFeature	DFeature	has_Symmetry	TFeature	DFeature

续表

对象属性名	定义域	值域	对象属性名	定义域	值域
has_Perpendicu-larity	TFeature	DFeature	has_Parallelism	TFeature	DFeature
has_TotalRunout	TFeature	DFeature	has_Circular-Runout	TFeature	DFeature
has_ProfileAny-Surface	IFS	RFS	has_ProfileAny-Line	IFS	RFS
has_MFeature	IFS	RFS	has_PER	TFeature	DFeature

　　创建类的实例后，需根据实际的应用需求来确定零件的装配公差类型和装配公差值，公差综合领域的实例将在 3.2.3 节中讨论。

　　进行上述步骤之后，基本实现了公差综合本体的构建，公差综合本体元模型如图 3.3 所示。

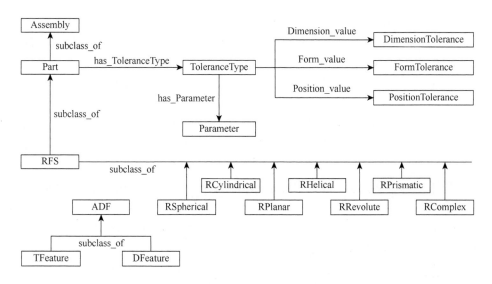

图 3.3　公差综合本体元模型图

　　为了表示规则知识，W3C 在 OWL 的基础上开发出了语义网规则语言（SWRL）。SWRL 是一种描述性语言，可以直接用来描述本体知识。公差类型和装配特征表面几何要素之间的映射关系，以及装配公差值、主尺寸和公差等级的映射关系都可以用 SWRL 来表示。对公差值的优化需要的主要参数是公差类型、可选公差值、公差旋量参数和成本-公差函数，本节设计的是针对公差类型和公差值的推理规则，为公差值的优化提供基础。以下选取了具有代表性的 10 条推理规则进行说明，其中规则 3.2.1 至规则 3.2.3 用于位置公差的推理，规则 3.2.4 至规则 3.2.6 用于形状公差的推理，规则 3.2.7 至规则 3.2.10 用于装配公差值的推理。

规则 3.2.1　TPL（? x）∧DPL（? y）∧has_PAR（? x，? y）→has_Parallelism（? x，? y）。

规则 3.2.1 说明　如果一个零件装配特征表面的导出要素是约束平面（TPL），另一个零件装配特征表面的导出要素是被约束平面（DPL），且两个装配特征表面之间是平行的关系（has_PAR），则生成的公差类型可以是平行度公差。

规则 3.2.2　TSL（? x）∧DSL（? y）∧has_COI（? x，? y）→has_TotalRunout（? x，? y）。

规则 3.2.2 说明　如果一个零件装配特征表面的导出要素是约束直线（TSL），另一个零件装配特征表面的导出要素是被约束直线（DSL），且两个装配特征表面之间是重合的关系（has_COI），则生成的公差类型可以是全跳动度公差。

规则 3.2.3　TPT（? x）∧DPT（? y）∧has_DIS（? x，? y）→has_Position（? x，? y）。

规则 3.2.3 说明　如果一个零件装配特征表面的导出要素是约束点（TPT），另一个零件装配特征表面的导出要素是被约束点（DPT），且两个装配特征表面之间是分离的关系（has_DIS），则生成的公差类型可以是位置度公差。

规则 3.2.4　ICylindrical（? x）∧SOC（? y）∧has_CON（? x，? y）→has_Cylindricity（? x，? y）。

规则 3.2.4 说明　如果一个零件装配特征表面是圆柱面（ICylindrical），它的外圆柱面（SOC）存在约束关系（has_CON），则生成的公差类型可以是圆柱度公差。

规则 3.2.5　IPlanar(? x)∧SPL(? y)∧has_CON(? x，? y)→has_Straightness（? x，? y）。

规则 3.2.5 说明　如果一个零件装配特征表面是平面（IPlanar），它的平面（SPL）存在约束关系（has_CON），则生成的公差类型可以是直线度公差。

规则 3.2.6　ISpherical（? x）∧SIS（? y）∧has_CON（? x，? y）→has_Roundness（? x，? y）。

规则 3.2.6 说明　如果一个零件装配特征表面是球面（ISpherical），它的内球面（SIS）存在约束关系（has_CON），则生成的公差类型可以是圆度公差。

规则 3.2.7　Parallelism（? a）∧MainSize（? x）∧SWRLb：equal（? T，"IT6"）∧Tgrade_value（? a，? T）∧MainSize_value（? x，? e）∧SWRLb：equal（? T，"IT6"）∧SWRLb：greaterThan（? e，16）∧SWRLb：lessThanOrEqual（? e，25）→Parallelism_value（? a，0.012）。

规则 3.2.7 说明　对于某装配体（如齿轮箱），若实际要求的加工精度等级为

6 级，其中零件装配特征表面的平行度公差主尺寸参数大于 16mm，且小于或等于 25mm，则生成的平行度公差值是 0.012mm。

规则 3.2.8　TotalRunout（? a）∧MainSize（? x）∧Tgrade_value（? a，? T）∧ MainSize_value（? x，? e）∧SWRLb：equal（? T，"IT6"）∧SWRLb：greaterThan （? e，18）∧SWRLb：lessThanOrEqual（? e，30）→TotalRunout_value（? a，0.01）。

规则 3.2.8 说明　对于某装配体（如齿轮箱），若实际要求的加工精度等级为 6 级，其中零件装配特征表面的全跳动度公差主尺寸参数大于 18mm，且小于或等于 30mm，则生成的全跳动度公差值是 0.01mm。

规则 3.2.9　Concentricity（? a）∧MainSize（? x）∧Tgrade_value（? a，? T）∧ MainSize_value（? x，? e）∧SWRLb：equal（? T，"IT7"）∧SWRLb：greaterThan （? e，18）∧SWRLb：lessThanOrEqual（? e，30）→Concentricity_value（? a，0.015）。

规则 3.2.9 说明　对于某装配体（如齿轮箱），若实际要求的加工精度等级为 7 级，其中零件装配特征表面的同轴度公差主尺寸参数大于 18mm，且小于或等于 30mm，则生成的同轴度公差值是 0.015mm。

规则 3.2.10　PositionTolerance（? a）∧FormTolerance（? a）∧PositionTolerance_ value（? a，? x）∧FormTolerance_value（? a，? y）∧SWRLb：lessThanOrEqual （? x，? y）→FormTolerance_value（? a，? y）。

规则 3.2.10 说明　如果表示一个零件装配特征表面的导出要素是同一要素，那么它的形状公差值一般应小于位置公差值。

3.2.2　公差综合生成知识库系统

语义网规则语言（SWRL）是一种独立于任何推理引擎的规则性描述语言，在构建了网络本体语言表示的结构化知识，以及语义网规则语言表示的约束化知识后，还需要通过某种推理机，先将它们转化为该推理机所能识别和处理的语法，最后通过推理引擎执行相应的推理。因此，本系统中选择 Jess[100]推理机来实现装配公差类型和装配公差值的自动生成。

基于 Jess 推理机的结构，可设计出装配公差综合生成知识库，系统框架如图 3.4 所示。系统模块构成主要有：OWL2Jess 转换器，主要功能是将基于 OWL 的结构化知识转换为能被 Jess 推理引擎识别并处理的 Jess 事实；SWRL2Jess 转换器，主要功能是将基于 SWRL 的约束化知识转换为能被 Jess 推理引擎识别并处理的 Jess 规则；Jess 推理引擎，主要功能是完成知识推理[101]。

在知识库系统的构建中，首先以 OWL 断言公式集作为输入，建立 OWL 的结构化知识和 SWRL 的约束化知识。通过 OWL2Jess 转换器将 OWL 本体转换为 Jess 事实，通过 SWRL2Jess 转换器将 SWRL 规则转换为 Jess 规则，从而建立基于 Jess

推理引擎的事实库和规则库。利用事实库中的事实和规则库中的规则作为前件匹配，通过 Jess 推理机完成推理并生成相应的装配公差类型和装配公差值。下面以平行度公差及其公差值的自动生成为例来说明。

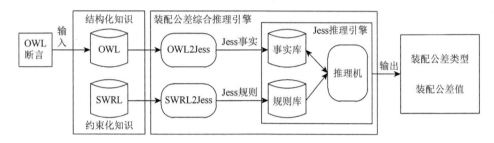

图 3.4　装配公差综合生成知识库系统框架

在表 3.2 中，图 3.1 中的类 ADF 和类 PositionTolerance 及它们的子类被映射为相应的 Jess 模板。

表 3.2　平行度公差 Jess 模板

Jess templates
（deftemplate owl：Thing（slot name））（deftemplate ADF extends owl：Thing） （deftemplate TPT extends ADF）（deftemplate TPL extends ADF） （deftemplate TSL extends ADF）（deftemplate DPT extends ADF） （deftemplate TPL extends ADF）（deftemplate TSL extends ADF） （deftemplate owl：Thing（slot name））
（deftemplate ToleranceType extends owl：Thing） （deftemplate PositionTolerance extends owl：Thing） （deftemplate Locational extends PositionTolerance） （deftemplate Angularity extends PositionTolerance） （deftemplate Parallelism extends PositionTolerance） （deftemplate Perpendicularity extends PositionTolerance）

在模板中，deftemplate 关键字表示的含义是 Jess 事实中关于槽的类型，而 extends 关键字表示的含义是 Jess 事实中模板和模板之间存在继承的关系。

在表 3.3 中，OWL 类 TPL 的实例 constraint_planar、类 Parallelism 的实例 parallel 被 OWL2Jess 转换器转换成平行度公差的 Jess 事实。

表 3.3　平行度公差实例 Jess 事实

Jess facts
（assert（owl：Thing（name constraint_planar））） （assert（ADF（name constraint_planar）））

续表

Jess facts
（assert（TFeature（name constraint_planar））） （assert（TPL（name constraint_planar）））
（assert（owl: Thing（name parallel））） （assert（ToleranceType（name parallel））） （assert（PositionTolerance（name parallel））） （assert（Parallelism（name parallel）））

在 Jess 事实中，assert 关键字表示的含义是 constraint_planar 是类 TPL 的实例，parallel 是类 Parallelism 的实例，在 Jess 推理机的事实库中将存储声明的事实。

在表 3.4 中，3.2.1 节装配公差综合生成规则里的规则 3.2.1 和规则 3.2.7，通过 SWRL2Jess 转换器，将 SWRL 表示的约束化知识转换为 Jess 推理机所能识别的 Jess 规则。规则 3.2.1 用于平行度公差的自动生成，规则 3.2.7 用于平行度公差值的自动生成。

表 3.4　平行度公差 Jess 规则

Jess rule
（defrule Rule3.2.1 （TPL（name? x））（DPL（name? y））（has_PAR? x? y） （has_Parallelism? x? y）=> （assert（Rule1_Parallelism_Tolerance? x? y）））
（defrule Rule3.2.7 （Parallelism? a）（Tgrade_value? a? T） （MainSize? x）（MainSize_value? x? z） （SWRLb: stringEqualIgnoreCase? T "IT6"） （SWRLb: greaterThan? e 16）（SWRLb: lessThanOrEqual? e 25） （Parallelism_value（? a, 0.012））=> （assert（Rule3.2.7_Parallelism_value（? a, 0.012））））

3.2.3　实例研究

以图 3.5 所示的对开齿轮箱装配体为例，基于 3.2.2 节的装配公差综合生成知识库系统，研究装配公差类型和装配公差值的自动生成。该装配体由齿轮轴、箱体、衬套和箱盖等组成，零件加工精度等级为 6 级，图中标明了零件相关的尺寸信息（单位：mm），在左边衬套和后轴肩部之间存在间隙 A_0，要求自动地生成齿轮轴上的公差类型和公差值。

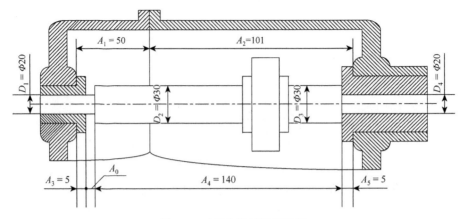

图 3.5　对开齿轮箱局部视图

具体实施步骤如下。

步骤 1　在三维造型软件中构建齿轮箱的三维模型并对其解装配，分解成若干零件。再利用 LTG（liaison table generator）算法[102]提取各零件之间的装配约束关系，用 AME（assembly mate extraction）算法[103]提取各零件特征表面之间的装配约束关系，提取之后如图 3.6 所示。

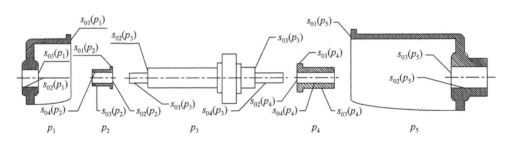

图 3.6　零件装配特征表面解构图

步骤 2　在步骤 1 的基础上，构建零件之间装配约束关系的 OWL 断言公式集 ABox A_P。如表 3.5 所示，Part 表示对开齿轮箱装配体中所包含的零件，has_ACR 表示零件之间具有的装配约束关系，p_1、p_2、p_3、p_4、p_5 是零件的个体。

表 3.5　零件之间装配约束关系的 ABox

$$A_P^{(5)} = \{\text{Part}(p_1),\ \text{Part}(p_2),\ \text{Part}(p_3),\ \text{Part}(p_4),\ \text{Part}(p_5),$$
$$\text{has\_ACR}(p_1, p_2),\ \text{has\_ACR}(p_2, p_1),\ \text{has\_ACR}(p_1, p_5),\ \text{has\_ACR}(p_5, p_1),$$
$$\text{has\_ACR}(p_2, p_3),\ \text{has\_ACR}(p_3, p_2),\ \text{has\_ACR}(p_3, p_4),\ \text{has\_ACR}(p_4, p_3),$$
$$\text{has\_ACR}(p_4, p_5),\ \text{has\_ACR}(p_5, p_4)\ \}$$

步骤 3　构建表示装配特征表面之间装配约束关系的 OWL 断言公式集 ABox

A_A。如表 3.6 所示，RFS 表示零件的实际特征面，将图 3.6 中解装配零件的装配特征表面作为个体，如齿轮轴 p_3 的装配特征面为 s_{01}（p_3）、s_{02}（p_3）、s_{03}（p_3）、s_{04}（p_3）。

表 3.6 装配特征表面之间装配约束关系的 ABox

$A_A{}^{(4)}$={RFS（s_{01}（p_2）），RFS（s_{02}（p_2）），RFS（s_{03}（p_2）），RFS（s_{04}（p_2）），RFS（s_{01}（p_3）），RFS（s_{02}（p_3）），
RFS（s_{03}（p_3）），RFS（s_{04}（p_3）），RFS（s_{01}（p_4）），RFS（s_{02}（p_4）），RFS（s_{03}（p_4）），RFS（s_{04}（p_4）），
RFS（s_{01}（p_5）），RFS（s_{02}（p_5）），RFS（s_{03}（p_5）），
has_ACR（s_{04}（p_2），s_{01}（p_3），has_ACR（s_{01}（p_3），s_{04}（p_2）），
has_ACR（s_{02}（p_2），s_{02}（p_3），has_ACR（s_{02}（p_3），s_{02}（p_2）），
has_ACR（s_{03}（p_3），s_{02}（p_4），has_ACR（s_{02}（p_4），s_{03}（p_3）），
has_ACR（s_{04}（p_3），s_{04}（p_4），has_ACR（s_{04}（p_4），s_{04}（p_3）），
has_ACR（s_{04}（p_3），s_{02}（p_5），has_ACR（s_{02}（p_5），s_{04}（p_3）） }

　　步骤 4 构建装配特征表面几何要素之间空间关系的 OWL 断言公式集 ABox A_S。如表 3.7 所示，SIC 中的个体表示特征面是内圆柱面，SOC 中的个体表示特征面是外圆柱面，TSL 中的个体表示几何要素是约束直线，DSL 中的个体表示几何要素是被约束直线，has_COI 表示作为几何要素的两条直线之间有重合的空间关系。SPL 表示特征面是平面，TPL 中的个体表示约束平面，DPL 中的个体表示被约束平面，has_PAR 表示两个平面之间具有平行的空间关系。

表 3.7 装配特征表面的几何要素之间空间关系的 ABox

$A_S{}^{(4)}$={SIC（s_{04}（p_2）），SOC（s_{01}（p_3）），TSL（adf（s_{04}（p_2））），DSL（adf（s_{01}（p_3）），
has_COI（adf（s_{04}（p_2），adf（s_{01}（p_3）），
SPL（s_{02}（p_2），SPL（s_{02}（p_3）），TPL（adf（s_{02}（p_2））），DPL（adf（s_{02}（p_3）），
has_PAR（adf（s_{02}（p_2），adf（s_{02}（p_3）），
SPL（s_{02}（p_4），SPL（s_{03}（p_3）），TPL（adf（s_{02}（p_4））），DPL（adf（s_{03}（p_3）），
has_PAR（adf（s_{02}（p_4），adf（s_{03}（p_3）），

SIC（s_{04}（p_4）），SOC（s_{04}（p_3）），TSL（adf（s_{04}（p_4））），DSL（adf（s_{04}（p_3）），
has_COI（adf（s_{04}（p_4），adf（s_{04}（p_3）），
SIC（s_{02}（p_1）），SOC（s_{01}（p_3）），TSL（adf（s_{02}（p_1））），DSL（adf（s_{01}（p_3）），
has_COI（adf（s_{02}（p_1），adf（s_{01}（p_3）） }

　　步骤 5 以 ABox A_P、A_A 和 A_S 中的个体作为输入，应用装配公差综合生成知识库系统可确定零件 p_3 的特征面可选装配公差类型。以圆柱面 s_{01}（p_3）为例，可选的公差类型有 has_TotalRunout（全跳动度）、has_CircularRunout（圆跳动度）和 has_ Concentricity（同轴度）。根据齿轮轴装配需求，选择全跳动度公差，主尺寸为 30mm 的全跳动度公差，加工精度等级为 6 级，推出装配公差值为 0.01mm，对开齿轮箱各零件最终的公差标准如图 3.7 所示。

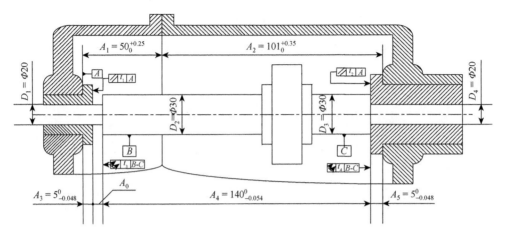

图 3.7　对开齿轮箱的公差标注图（单位：mm）

3.3　基于本体的公差综合优化设计

3.3.1　公差值的优化分配

在研究装配公差值的优化分配前，需要先介绍零件的成本-公差函数，可以说零件的加工精度和成本是与工艺过程相关的各种操作的函数，而加工精度必须限制在公差范围内，公差值越小，产品的可装配性和质量就越能得以保证，然而加工成本也越高。在材质和零件尺寸与形状一定的情况下，公差精度需求是最能反映加工成本的因素之一。因此，成本-公差函数一直都是公差优化设计的重要依据。装配公差值大小的设计会直接影响加工过程中的加工成本，加工成本模型和装配公差值之间的映射关系可以通过成本-公差函数来表示，在文献[104]中对成本-公差函数有较为详细的介绍，故本节不对其重点讨论，常用的加工成本-公差函数总结如下。

（1）圆柱（轴）加工特征的尺寸公差成本函数为

$$C_1(t_i) = 10^{-5} + 10^{-5}t_i + 67.3e^{-2.59t_i} \tag{3.1}$$

（2）圆柱（孔）加工特征的尺寸公差成本函数为

$$C_2(t_i) = 10^{-5} + 10^{-5}t_i + 57.6e^{-1.59t_i} \tag{3.2}$$

（3）圆柱加工特征的全跳动度公差成本函数为

$$C_3(t_i) = 0.0373e^{-3.08t_i} \tag{3.3}$$

（4）平面加工特征的平行度公差成本函数为

$$C_4(t_i) = 5.425 + 10^{-5}t_i + 12.43e^{-10.82t_i} \tag{3.4}$$

在上述成本-公差函数中，t_i 表示公差；$C_j(t_i)$ 表示公差 t_i 的加工成本值。

装配累积约束模型本质上来说表示零件各个几何特征变动几何约束的旋量参数的累积。在三维空间里，约束特征存在 6 个自由度：3 个平动方向的自由度和 3 个转动方向的自由度。通过引用机器人运动学中的分析方法，可以定义：在三维坐标系 $\{O\text{-}xyz\}$ 中，旋量参数是零件所约束的特征以原点 O_i 为中心绕着 x、y 和 z 轴方向的转动分量 α_i、β_i 和 γ_i，以及沿着 x、y 和 z 轴方向的平动分量 u_i、v_i 和 w_i，下标 i 表示第 i 个变动几何约束的旋量参数。

在尺寸链的设计中，公差累积值必须符合产品的装配功能需求，而装配累积约束又包括变动分量的约束和公差约束。

通过统计法分析[102]，变动分量累积约束可表示为

$$\begin{cases} S_x = \left[\displaystyle\sum_{i=1}^{m}(u_i - \gamma_i \cdot y_i + \beta_i \cdot z_i)^2\right]^{\frac{1}{2}} \\[2mm] S_y = \left[\displaystyle\sum_{i=1}^{m}(v_i + \gamma_i \cdot x_i - \alpha_i \cdot z_i)^2\right]^{\frac{1}{2}} \\[2mm] S_z = \left[\displaystyle\sum_{i=1}^{m}(w_i - \beta_i \cdot x_i + \alpha_i \cdot y_i)^2\right]^{\frac{1}{2}} \end{cases} \tag{3.5}$$

对于公差约束，旋量参数的分量和公差之间的对应关系可以用一组不等式来表示，转动方向的分量 α_i、β_i、γ_i 和平动方向的分量 u_i、v_i、w_i 用来约束公差 t_j。

$$H(u_i, v_i, w_i, \alpha_i, \beta_i, \gamma_i; t_j) \leqslant 0 \tag{3.6}$$

在公差值的优化设计中，设计人员通常需要在零件的加工成本和装配需求之间选择合适的公差值，对公差值的设计可以表示成如下优化问题[105]。

目标函数：　　　　　　　$\text{Min}\left[I = e^{-\sum_{i=1}^{n} C_i}\right]$ 　　　　　(3.7)

约束条件：　　　　　　　$S = \{S_x, S_y, S_z\}$ 　　　　　　　(3.8)

$$H(u_i, v_i, w_i, \alpha_i, \beta_i, \gamma_i; t_i) \geqslant 0 \tag{3.9}$$

$$t_i^{\text{L}} \leqslant t_i \leqslant t_i^{\text{U}} \tag{3.10}$$

在表达式的优化目标函数中，零件公差的功能需求约束和成本-公差函数一般都是非线性的，而零件的可装配性约束可以看成一个线性问题。从数学计算的角度上来说，它是一个在有限范围内的、离散的区域组合优化问题，也就是说要找到满足实际加工约束条件的同时，使总加工成本能够达到最小值的解[106]。

在本节中，选择遗传学中模拟生物进化的遗传算法来对公差值进行优化计算，原因是组合优化问题是遗传算法应用较为广泛的领域之一，而遗传算法的工作原理是以确定的目标函数作为优化的根据，然后随机生成一组初始种群，再利用目

标函数来评估种群中个体的价值，并选择那些适应度较高的个体不断地交叉、变异和结构重组的迭代过程[107]。在通过不断地进化选择后，当计算达到预定的总世代时，获得局部的最优解。

3.3.2　公差综合优化的 SWRL 表示

根据变动几何约束理论，在对装配公差进行优化分配时，首先要建立相应的空间直角坐标系，以便于表示约束特征的 6 个自由度，在本书的研究中，空间直角坐标系 x、y 和 z 轴的建立方向与表 2.1 中保持一致。通过确定几何产品的各个特征面上的转动方向的分量和平动方向的分量，并将各个方向上的旋量参数进行累积和叠加，进而可以得到用于公差约束的不等式。根据文献[108]，设计了旋量参数生成的 SWRL 规则，规则 3.3.1 至规则 3.3.4 表示不同公差类型对应的转动和平动方向的旋量参数。

规则 3.3.1　ICylindrical（？x）∧SOC（？y）∧has_CON（？x，？y）→has_Cylindricity（？x，？y）∧Rotation_value（？x，"β，γ"）∧Translation_value（？x，"v，w"）。

规则 3.3.1 说明　如果一个零件装配特征表面是圆柱面（ICylindrical），它的外圆柱面（SOC）存在约束关系（has_CON），则生成的公差类型可以是圆柱度公差，并且该公差在 y 轴和 z 轴有转动方向的分量，在 y、z 轴有平动方向的分量。

规则 3.3.2　ICylindrical（？x）∧SIC（？y）∧has_CON（？x，？y）→has_Cylindricity（？x，？y）∧Rotation_value（？x，"β，γ"）∧Translation_value（？x，"v，w"）。

规则 3.3.2 说明　如果一个零件装配特征表面是圆柱面（ICylindrical），它的内圆柱面（SIC）存在约束关系（has_CON），则生成的公差类型可以是圆柱度公差，并且该公差在 y 轴和 z 轴有转动方向的分量，在 y、z 轴有平动方向的分量。

规则 3.3.3　TSL（？x）∧DSL（？y）∧has_COI（？x，？y）→has_TotalRunout（？x，？y）∧Rotation_value（？x，"β，γ"）∧Translation_value（？x，"v，w"）。

规则 3.3.3 说明　如果一个零件装配特征表面的导出要素是约束直线（TSL），另一个零件装配特征表面的导出要素是被约束直线（DPL），且两个装配特征表面之间是重合的关系（has_COI），则生成的可选公差类型是全跳动度公差，并且该公差在 y 轴和 z 轴有转动方向的分量，在 y、z 轴有平动方向的分量。

规则 3.3.4　TPL（？x）∧DPL（？y）∧has_PAR（？x，？y）→has_Parallelism（？x，？y）∧Rotation_value（？x，"α，β"）∧Translation_value（？x，"w"）。

规则 3.3.4 说明　如果一个零件装配特征表面的导出要素是约束平面（TPL），

另一个零件装配特征表面的导出要素是被约束平面（DPL），且两个装配特征表面之间是平行的关系（has_PAR），则生成的公差类型可以是平行度公差，并且该公差在 x 轴和 y 轴有转动方向的分量，在 z 轴有平动方向的分量。

根据文献[70]中有关成本-公差函数的研究内容，不同的公差类型对应不同的成本-公差函数，通过确定零件装配特征表面的加工特征和公差类型，规则 3.3.5 至规则 3.3.8 为部分设计的 SWRL 规则。

规则 3.3.5　RCylindrical（？x）∧SOC（？y）∧has_MFeature（？x，？y）→Cost-Function_value（？x，"C_1（Cylindrical）"）。

规则 3.3.5 说明　对一个零件的装配特征表面，要加工的实际特征面是圆柱面的外圆柱面，那么成本-公差函数对应的公式是 C_1（Cylindrical）。

规则 3.3.6　RCylindrical（？x）∧SIC（？y）∧has_MFeature（？x，？y）→Cost-Function_value（？x，"C_2（Cylindrical）"）。

规则 3.3.6 说明　对一个零件的装配特征表面，要加工的实际特征面是圆柱面的内圆柱面，那么成本-公差函数对应的公式是 C_2（Cylindrical）。

规则 3.3.7　TotalRunout（？x）∧RCylindrical（？y）∧has_MFeature（？x，？y）→Cost-Function_value（？x，"C_3（TotalRunout）"）。

规则 3.3.7 说明　对一个零件的装配特征表面，要加工的实际特征面是圆柱面的全跳动度公差，那么成本-公差函数对应的公式是 C_3（TotalRunout）。

规则 3.3.8　Parallelism（？x）∧RPlanar（？y）∧has_MFeature（？x，？y）→Cost-Function_value（？x，"C_4（Parallelism）"）。

规则 3.3.8 说明　对一个零件的装配特征表面，要加工的实际特征面是平面的平行度公差，那么成本-公差函数对应的公式是 C_4（Parallelism）。

3.3.3　公差综合优化设计算法

通过 3.3.2 节设计的用于公差值优化分配的 SWRL 规则后，结合 3.2 节装配公差综合领域本体知识库，可以构建基于本体的公差综合优化设计知识库系统。公差综合优化设计算法流程如图 3.8 所示，具体步骤如下。

步骤 1　在三维实体造型软件中，构建产品的三维装配模型。根据产品的装配功能需求和各个零件的理想尺寸，将产品构建成装配体。

步骤 2　拆分装配体三维模型。用三维实体造型软件将装配体的三维模型拆分成若干个零件。

步骤 3　提取零件之间的装配约束关系。利用 LTG 算法，提取拆分后的零件和零件之间的装配约束关系。

步骤 4　提取各零件特征表面之间的装配约束关系。利用 AME 算法，获取零件的装配特征表面，并根据零件和零件之间的装配约束关系，确定零件的特征表面之间的装配约束关系。

步骤 5　构建零件之间的 OWL 断言公式集 ABox A_P。根据步骤 3 提取到的零件之间的装配约束关系，构建表示零件之间装配约束关系的断言公式集。

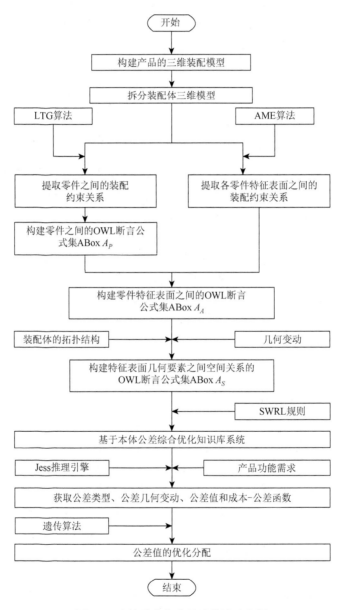

图 3.8　公差综合优化设计算法流程图

步骤 6　构建零件特征表面之间的 OWL 断言公式集 ABox A_A。根据步骤 4 提取到的各零件的装配特征表面和步骤 5 构建的表示零件之间的装配约束关系的断言公式集，构建表示装配特征表面之间的约束关系的断言公式集。

步骤 7　构建特征表面几何要素之间空间关系的 OWL 断言公式集 ABox A_S。根据步骤 6 构建的表示装配特征表面之间约束关系的断言公式集，确定每一对相互约束的特征表面的实际组成要素和拟合导出要素。并根据这些几何要素及装配体的拓扑结构，确定装配特征表面几何要素之间的空间关系，并构建表示这些空间关系的断言公式集。

步骤 8　推理确定各零件的装配公差类型和装配公差值。以步骤 7 中构建的表示装配特征表面几何要素之间空间关系的断言公式集作为输入，将 OWL 描述的结构化知识转换为 Jess 事实，并将 SWRL 描述的约束化知识转换为 Jess 规则，之后应用 Jess 推理引擎推理生成每一对相互约束的装配特征表面的装配公差类型和可选装配公差值，最后对它们进行选择和优化。

步骤 9　公差值的优化分配。推理获取推理结果后，以公差的总加工成本最小作为目标函数，以公差的等式约束和不等式约束为约束条件，利用公差值的优化分配数学模型，并基于遗传算法对公差值进行优化。

3.3.4　公差值的优化实例

根据公差综合优化设计算法，以 3.2 节中的对开齿轮箱装配体为例，对齿轮轴零件的装配公差值优化分配进行研究。基于公差设计的优化模型，公差值的优化步骤如下。

步骤 1　运用本体重复使用性好的特点，根据 3.2 节中构建好的对开齿轮箱装配体本体，获取零件之间的装配约束关系、零件特征表面之间的约束关系和特征表面几何要素之间的空间关系。

步骤 2　将 3.3 节中用于公差优化设计的 SWRL 规则加入装配公差综合知识库中，构建基于本体的公差综合优化设计知识库系统。

步骤 3　利用 Jess 推理引擎获得齿轮轴上的装配公差类型、可选公差值、成本-公差函数的加工特征和旋量参数，具体数据如表 3.8 所示。

表 3.8　用于公差优化的初始数据

加工特征	旋量参数	公差类型	可选公差值/mm
SPL（$s_{02}(p_3)$）(Planar)	w_1, α_1, β_1	Parallelism（t_1）	0.012, 0.020
SPL（$s_{03}(p_3)$）(Planar)	w_2, α_2, β_2	Parallelism（t_2）	0.012, 0.020
SIC（$s_{01}(p_3)$）(Cylindrical)	v_3, w_3, β_3, γ_3	TotalRunout（t_3）	0.010, 0.015
SIC（$s_{04}(p_3)$）(Cylindrical)	v_4, w_4, β_4, γ_4	TotalRunout（t_4）	0.010, 0.015

步骤 4　根据 3.3.1 节中的公差值优化分配的数学模型，零件上公差的总加工成本可表示为式（3.11）：

$$\sum_{i=1}^{4} C_i = C_{\text{Parallelism}}(t_1) + C_{\text{Parallelism}}(t_2) + + C_{\text{TotalRunout}}(t_3) + C_{\text{TotalRunout}}(t_4) \quad （3.11）$$

步骤 5　用统计法计算的变动几何约束可表示为式（3.12）：

$$\begin{cases} S_x = 0 \\ S_y = [(v_3 + 20\gamma_3)^2 + (v_4 + 20\gamma_4)^2]^{\frac{1}{2}} \\ S_z = [(w_1 - 30x_1 + 30y_1) + (w_2 - 30x_2 + 30y_2)]^{\frac{1}{2}} \end{cases} \quad （3.12）$$

步骤 6　公差和几何变动之间的约束关系用公差约束可表示为式（3.13）：

$$\begin{cases} w_1^2 \leqslant (t_1/2)^2, \alpha_1^2 + \beta_1^2 \leqslant (t_1/30)^2 \\ w_2^2 \leqslant (t_2/2)^2, \alpha_2^2 + \beta_2^2 \leqslant (t_2/30)^2 \\ v_3^2 + w_3^2 \leqslant (t_3/2)^2, \beta_3^2 + \gamma_3^2 \leqslant (t_3/20)^2 \\ v_4^2 + w_4^2 \leqslant (t_4/2)^2, \beta_4^2 + \gamma_4^2 \leqslant (t_4/20)^2 \end{cases} \quad （3.13）$$

步骤 7　根据式（3.11）～式（3.13），在计算程序中采用遗传算法，最终的优化结果如表 3.9 所示，具体的计算过程将在 3.4 节中说明。

表 3.9　公差值的优化结果

加工特征	公差类型	公差优化值/mm
SPL（s_{02}（p_3））（Planar）	Parallelism	0.012
SPL（s_{03}（p_3））（Planar）	Parallelism	0.012
SIC（s_{01}（p_3））（Cylindrical）	TotalRunout	0.015
SIC（s_{04}（p_3））（Cylindrical）	TotalRunout	0.010

3.4　公差综合优化设计知识库系统

3.4.1　公差综合优化设计知识库

公差综合优化本体元模型的构建，可以按照 2.4 节中的七步法完成，主要步骤如下。

第一，定义类和类之间的层次关系。使用斯坦福大学开发的 Protégé 3.5 版本本体编辑工具，可以非常直观地看到本体元模型中类和类之间的层次关系，并调用 OWL Viz 插件可以查看所有类的层次关系图，如图 3.9 所示。

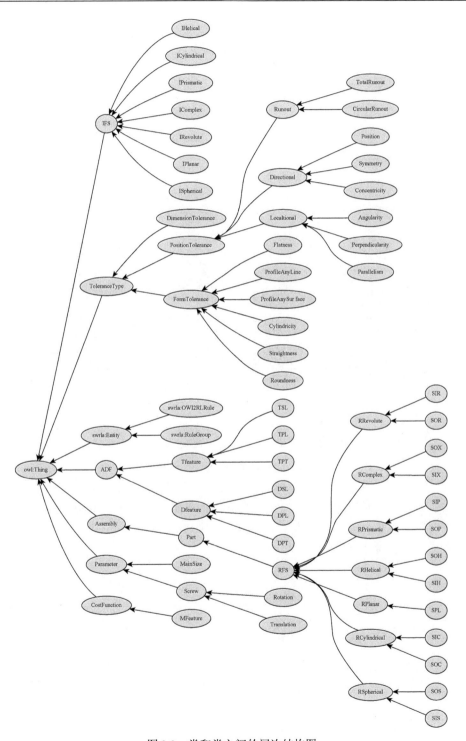

图 3.9　类和类之间的层次结构图

第二，定义类的属性。在 Protégé 3.5 版本本体编辑器中设置公差综合优化本体所需要用到的属性，在编辑器的属性界面可以清楚地看到属性之间的层次结构，类属性的层次结构图如图 3.10 所示。

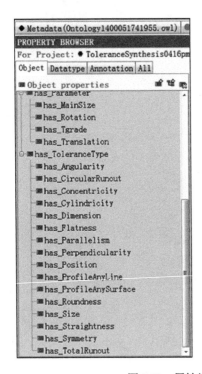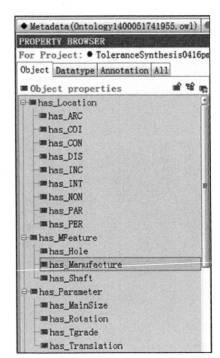

图 3.10　属性编辑器定义的类属性

第三，定义属性的限制。需要定义属性的值域和定义域，对属性进行约束限制，也需要在 Protégé 3.5 版本本体编辑工具中进行定义。部分对象属性的定义域和值域如表 3.10 所示。

表 3.10　部分属性的定义域和值域

对象属性名	定义域	值域	对象属性名	定义域	值域
has_Position	TFeature	DFeature	has_CON	IFS	RFS
has_Flatness	TFeature	DFeature	has_ACR	Part	Part
has_PAR	IFS	RFS	has_DIS	IFS	RFS

在公差综合优化设计的本体元模型中，公差信息是以 OWL 的形式来表示的，并用 RDF/XML 语法来对其进行表示。如图 3.11（a）所示，以类 ADF 和它的子

类为例来说明类的 OWL RDF/XML 编码；图 3.11（b）为类 TFeature 的子类和 DFeature 的子类之间的关系的 OWL RDF/XML 编码。

```
<owl：Class rdf：about = "#DFeature">
<rdfs：subClassOf rdf：resource = "#ADF"/>
        </owl：Class>
    <owl：Class rdf：ID = "DPT">
<rdfs：subClassOf rdf：resource = "#DFeature"/>
        </owl：Class>
    <owl：Class rdf：ID = "DSL">
<rdfs：subClassOf rdf：resource = "#DFeature"/>
        </owl：Class>
    <owl：Class rdf：ID = "DPL">
<rdfs：subClassOf rdf：resource = "#DFeature"/>
        </owl：Class>
    <owl：Class rdf：about = "#TFeature">
<rdfs：subClassOf rdf：resource = "#ADF"/>
        </owl：Class>
    <owl：Class rdf：ID = "TPT">
        <rdfs：subClassOf>
    <owl：Class rdf：about = "#TFeature"/>
        </rdfs：subClassOf>
        </owl：Class>
    <owl：Class rdf：ID = "TSL">
<rdfs：subClassOf rdf：resource = "#TFeature"/>
        </owl：Class>
    <owl：Class rdf：ID = "TPL">
        <rdfs：subClassOf>
    <owl：Class rdf：ID = "TFeature"/>
        </rdfs：subClassOf>
        </owl：Class>
```

```
<owl：ObjectProperty rdf：ID = "has_COI">
<rdfs：domain rdf：resource = "#TFeature"/>
<rdfs：range rdf：resource = "#DFeature"/>
        </owl：ObjectProperty>
<owl：ObjectProperty rdf：ID = "has_DIS">
<rdfs：range rdf：resource = "#DFeature"/>
<rdfs：domain rdf：resource = "#TFeature"/>
        </owl：ObjectProperty>
<owl：ObjectProperty rdf：ID = "has_INC">
<rdfs：range rdf：resource = "#DFeature"/>
<rdfs：domain rdf：resource = "#TFeature"/>
        </owl：ObjectProperty>
<owl：ObjectProperty rdf：ID = "has_PAR">
<rdfs：domain rdf：resource = "#TFeature"/>
<rdfs：range rdf：resource = "#DFeature"/>
        </owl：ObjectProperty>
<owl：ObjectProperty rdf：ID = "has_PER">
<rdfs：range rdf：resource = "#DFeature"/>
<rdfs：domain rdf：resource = "#TFeature"/>
        </owl：ObjectProperty>
<owl：ObjectProperty rdf：ID = "has_INT">
<rdfs：range rdf：resource = "#DFeature"/>
<rdfs：domain rdf：resource = "#TFeature"/>
        </owl：ObjectProperty>
<owl：ObjectProperty rdf：ID = "has_NON">
<rdfs：domain rdf：resource = "#TFeature"/>
<rdfs：range rdf：resource = "#DFeature"/>
        </owl：ObjectProperty>
```

（a）类 ADF 和它的子类　　　　　　（b）TFeature 子类和 DFeature 子类的关系

图 3.11　类和对象属性的 OWL RDF/XML 编码示例

上述内容构建了公差综合优化领域本体，由于所构建的本体只有类和属性，对公差综合领域内的公差设计原则、专家经验知识、公差标准等信息，本体并不能完全表示，这些约束化知识是公差综合优化设计推理的关键。因此，需要在已构建的本体的基础上建立规则，再利用设计的规则来对构建的本体进行推理，从而获得所需要的知识。公差综合优化设计中的规则包括公差类型、可选公差值、成本-公差函数、旋量参数等的生成规则，本书通过 SWRL 来表示这些生成规则。

公差类型的生成、公差规范和公差分析在文献[109]和文献[77]中已经有较为详尽的研究，本书重点研究的是公差值和成本-公差函数的推理规则。首先是需要确定公差类型、公差的主尺寸参数值及公差的等级等已知条件，然后根据《形状和位置公差　未注公差值》（GB/T 1184—1996）中形状公差和位置公差的标准公差值系数表，设计各类公差的生成规则。以尺寸公差、圆跳动公差、平行度公差和全跳动度公差的 SWRL 表示为例来进行说明，图 3.12 是成本-公差函数的 SWRL 规则在 Protégé 3.5 中的部分截图，其中主要通过公差类型、零件的加工特征来确定成本-公差函数，再根据函数公式、公差值确定相应公差的成本值。

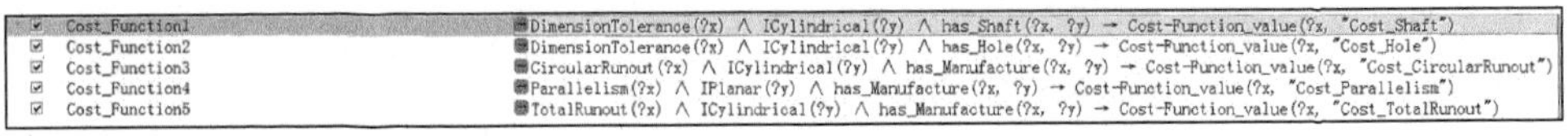

✓	Cost_Function1	DimensionTolerance(?x) ∧ ICylindrical(?y) ∧ has_Shaft(?x, ?y) → Cost-Function_value(?x, "Cost_Shaft")
✓	Cost_Function2	DimensionTolerance(?x) ∧ ICylindrical(?y) ∧ has_Hole(?x, ?y) → Cost-Function_value(?x, "Cost_Hole")
✓	Cost_Function3	CircularRunout(?x) ∧ ICylindrical(?y) ∧ has_Manufacture(?x, ?y) → Cost-Function_value(?x, "Cost_CircularRunout")
✓	Cost_Function4	Parallelism(?x) ∧ IPlanar(?y) ∧ has_Manufacture(?x, ?y) → Cost-Function_value(?x, "Cost_Parallelism")
✓	Cost_Function5	TotalRunout(?x) ∧ ICylindrical(?y) ∧ has_Manufacture(?x, ?y) → Cost-Function_value(?x, "Cost_TotalRunout")

图 3.12　成本-公差函数的 SWRL 规则示例

3.4.2　知识库系统设计

知识库的结构划分主要有三个层次：领域层、推理层和任务层[110]。在领域层，主要对领域内知识进行描述和表示，对于领域层来说，其主要的目标就是尽量用相同的方法解决不同的问题。本书采用基于本体的形式化表示方法，使相关领域知识能够实现信息共享和知识重复使用，成为推理层和任务层的基础。推理层的作用是指定求解问题的方法，主要包括推理步骤和获取相关的隐含知识，使问题得以解决。任务层则是把一个复杂的任务细分为若干子任务，并把这些子任务传递到推理层执行推理，同时明确各子任务的控制和管理。通过对知识库采用三层结构划分，一方面可以使知识的共享和重复使用得以保证，另一方面使得构建的知识库可以更好地进行维护。

本节针对计算机辅助公差设计领域相关知识，设计了公差综合优化知识库系统的总体框架，该框架把公差综合优化设计知识库系统自下而上分为四个层次：第一层是变型设计领域本体层，第二层是知识推理层，第三层是变型设计本体解析层，第四层是用户层。用户可以将相关的数据输入设计好的图形用户界面中，并对知识库选择所需要的操作；知识库系统会把输入信息传递到知识推理层，而知识推理层则会把输入信息和变型设计领域本体层中的领域知识及专家经验知识相关联，经过 Jess 推理机将推理结果返回本体文件，最后在变型设计本体解析层中通过 Jena 解析器把推理结果返回给用户层，在界面上显示给用户。总体框架设计如图 3.13 所示。

变型设计领域本体层是公差综合优化设计知识库系统框架的第一层，主要的功能是构建公差综合领域本体。变型设计领域本体层把公差综合领域相关的数据和知识在语义上进行定义和表示，并通过 OWL 公差综合本体元模型进行描述。本体描述语言是共享概念模型的明确形式化规范说明，能把公差综合领域本体通过形式化语言描述，并被同行的研究人员认同，所以公差综合领域知识可以较好地被异构的 CAD 系统之间重复使用、共享和传递。在领域知识的获取上，一般可以通

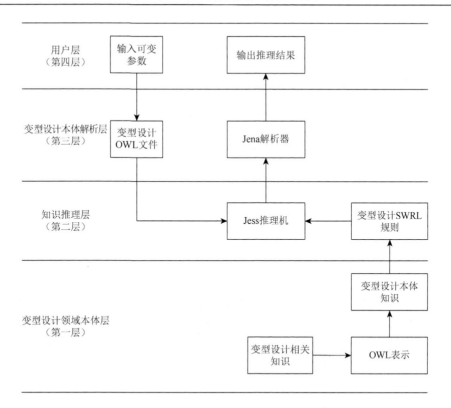

图 3.13　公差综合优化设计知识库总体框架

过国内外行业协会制定的标准、专业设计手册和专家知识经验等各方面获得。本书先收集获取到了公差综合优化设计领域的相关知识，然后分析确定需要构建本体的类、对象属性和关系等性质，并采用 OWL 对所涉及的概念和属性元素给予明确的定义，使类和属性都能有比较清楚的逻辑层次结构，构建出公差综合优化设计的本体，进而为第二层知识推理层的推理奠定基础。

　　知识推理层是知识库系统的第二层，也是整个系统的核心部分。在知识推理层中，根据公差综合领域的公差原则、公差标准和专家经验知识，设计相应的推理规则，从而可以通过用户输入的信息，在符合条件的情况下执行推理规则并得到结果。本书主要对装配体的零件基本信息进行推理，获得公差类型、公差旋量参数、可选公差值、成本-公差函数等信息。知识推理层的有关规则可参考 3.3.2 节中的内容，在构建公差综合优化设计知识库系统时，内部采用的是 Jess 推理机执行相应的推理。Jess 推理机作为一种独立的描述语言，通用性强，能为不同领域提供相关的推理工作，在执行推理时，把 OWL 的结构化知识转化为 Jess 事实，把 SWRL 的约束化知识转化为 Jess 规则，推理完后，再把 Jess 事实还原成 OWL 知识并保存在本体文件中。

本体文件在 Jess 推理机中执行完推理后，还需要在 Java 程序中将推理结果信息进行解析。Jena 作为一种基于 Java 语言的语义网开发工具，它能够支持 OWL 和 RDFS 等语义的解析和推理[111]。在变型设计本体解析层中，执行完推理的公差综合优化设计本体文件先被 Java 程序加载，再调用解析函数将推理结果提取出来，作为实际参数提供给最小成本-公差函数计算，最后将计算的优化公差值返回给用户层。

用户层的功能是将用户输入的信息传递给原型系统，经过公差综合优化设计知识库系统的推理后，将推理结果如成本-公差函数、公差类型、可选公差值和公差旋量参数等信息，经遗传算法程序计算，把优化后的公差值返回用户操作 Swing 界面。用户实际操作界面将在 3.4.4 节中详细演示。

3.4.3　原型系统开发

在公差综合优化设计本体的构建中，采用斯坦福大学研发的本体编辑软件 Protégé 3.5 来构建。Protégé 3.5 提供了良好的图形用户界面，可以让使用者直接构建所需的本体文件，在推理结构上，还需要安装基于 Java 语言的 Jess 推理机插件，它的优点是能为用户提供不同的规则系统。在和用户交互的界面上，采用 Java 语言来对原型系统进行开发，实现对本体文件的解析并输出相应的推理结果信息，开发工具使用的是 Eclipse。

根据 3.4.2 节构建的基于本体的公差综合优化设计知识库系统框架，设计了基于本体的公差综合优化设计知识库系统，系统主要有三个模块，分别是领域本体模块、知识推理模块和应用实例模块，如图 3.14 所示。

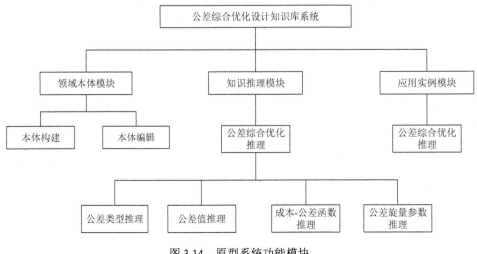

图 3.14　原型系统功能模块

　　在领域本体模块中，主要功能是对构建的本体实现增加、删除、修改和查询等操作。领域本体模块是公差综合优化设计的基础，包括公差综合领域知识的结构化表示、零件的装配约束信息和尺寸信息等。在所构建的本体中，具体有以下几个内容：分析和归纳公差综合领域相关知识，从而确定重要概念及相应的关系；根据这些概念，确定各个类及其子类的层次关系；根据类和类之间的关系，确定类的属性，同时要对属性的范围加以限制，也就是确定属性的定义域和值域；在确定了类和属性的层次关系后，还需要根据具体的案例，在类下面增加相应个体。

　　在知识推理模块中，主要功能是根据用户的实际输入，对公差综合优化设计知识库中的 OWL 结构化知识和 SWRL 约束化知识执行相关的推理。知识推理模块作为中间桥梁，连接了领域本体模块和应用实例模块，是公差综合优化设计知识库系统的核心内容。在构建的领域本体基础上，将装配体的零件装配需求、设计原则和专家经验知识等用 SWRL 来表示，在此基础上构建了可选公差值、公差类型、成本-公差函数和公差旋量参数的推理规则。

　　在应用实例模块中，主要是对公差类型、可选公差值和成本-公差函数等公差综合信息的优化结果实例进行展示。

3.4.4　原型系统展示

　　基于本体的公差综合优化设计知识库对于公差信息在异构 CAD 系统中的共享和传递提供了一种解决方法。解决了装配公差类型和装配公差值的自动生成问题，并根据知识库生成好的公差信息，以实际生成过程中零件的最小加工成本为目标，对装配公差值进行优化分配，为 CAD 系统中公差综合优化设计提供了实现基础。根据 3.2 节和 3.3 节中对公差综合优化设计的理论研究，开发了基于本体的公差综合优化设计知识库系统。下面以 3.2 节中的对开齿轮箱为例来演示系统运行过程。

　　（1）系统主界面。基于本体的公差综合优化设计知识库系统的主界面如图 3.15 所示。

　　（2）本体操作功能。在运行系统主界面后，选择"本体操作"菜单，会出现4 个选项，即"显示本体信息"、"类的操作"、"属性的操作"和"退出"，可以根据需要查询的本体信息，对类和属性进行添加、删除等操作，运行界面如图 3.16所示。

　　选择"显示本体信息"选项，系统界面运行如图 3.17 所示，可以分别查看本体中构建的类、对象属性和数据属性三个方面的信息，操作人员可以比较清楚地了解本体中类和属性的逻辑层次结构。

图 3.15　原型系统运行主界面

图 3.16　本体操作示意图

在"本体操作"菜单中，选择"类的操作"选项，操作人员可以根据实际的需要建立类和类之间的关系。如图 3.18 所示，建立了一个 Tolerance 类，可以在该类下面再建立它的子类 ToleranceType。"属性的操作"选项操作功能类似。

在"公差设计"菜单中，主要实现了两大功能的推理信息，分别是对形位公差类型的推理和对形位公差值的推理。

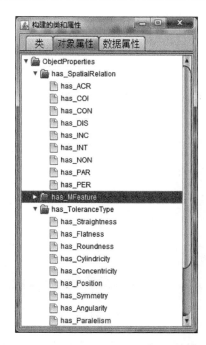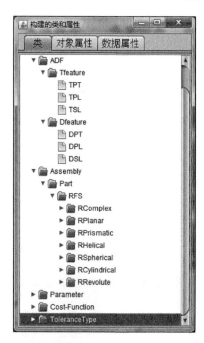

图 3.17　构建本体中的类和属性

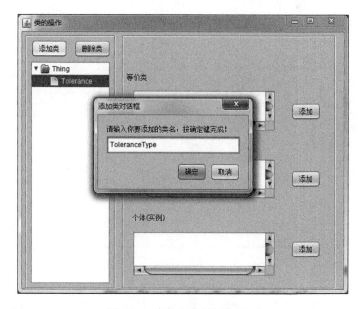

图 3.18　本体中类的操作界面

对于形位公差类型的推理，如图 3.19 所示，在一个装配体中，零件的特征表面之间存在装配约束关系时，它们的拟合导出要素一个是约束直线，另一个是被约束直线，并且两条直线存在平行的空间关系时，生成的公差类型可以是平行度公差或者位置度公差，同时在 x 轴和 z 轴有平动方向的旋量参数，没有转动方向的旋量参数。

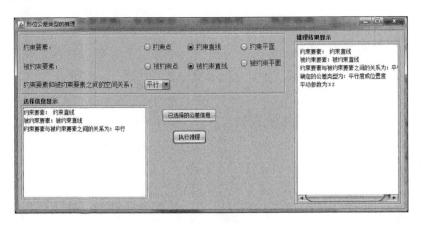

图 3.19　"形位公差类型的推理"窗口

对于形位公差值的推理，通过选择形位公差类型、主尺寸参数和公差等级来确定标准公差值。如图 3.20 所示，当选择同轴度公差，主尺寸参数是 50mm 时，公差等级为 6 级，在单击"执行推理"按钮后，在右侧"推理结果显示"栏中，显示标准公差值为 12mm。

图 3.20　"形位公差值的推理"窗口

在"公差综合"菜单中，主要实现了两大功能，分别是尺寸链的校验计算和公差值的优化计算。在尺寸链的校验计算中，操作人员通过输入封闭环、增环和减环的信息，选择"校验计算"选项，再执行"计算"命令，即可完成对尺寸链的分析校验，运行效果如图 3.21 所示。

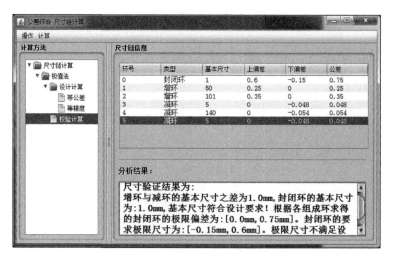

图 3.21 尺寸链的分析校验界面

在公差值的优化计算中,操作人员选择"公差综合"菜单中的"公差值的优化计算"选项,系统会自动调用遗传算法程序根据实例中的公差类型、可选公差值、成本-公差函数和公差旋量参数数据,在随机生成的 100 组数据中计算局部的最优解,后台运行程序截图如图 3.22 所示,系统生成结果界面如图 3.23 所示。

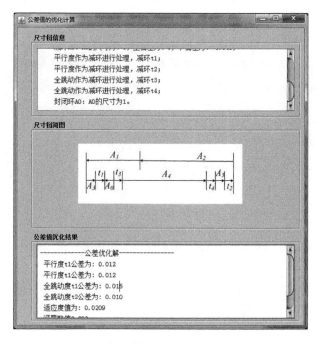

图 3.22 优化算法计算局部最优解截图

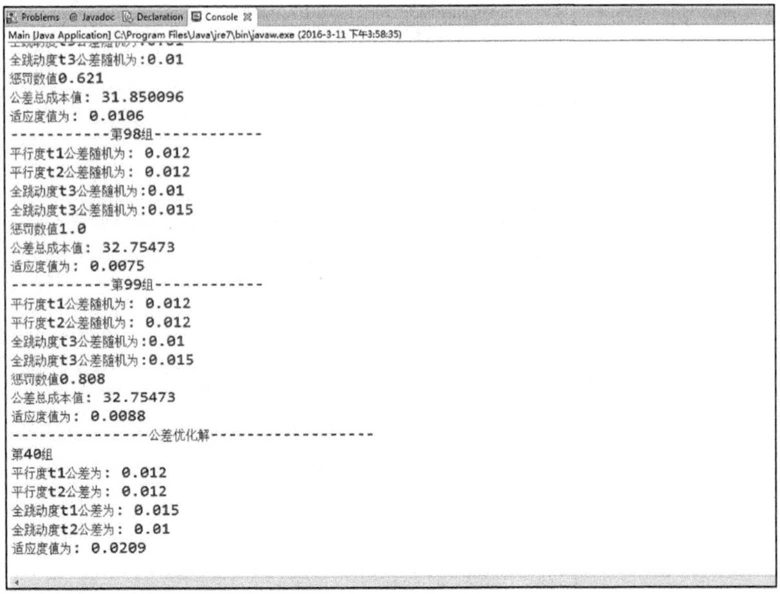

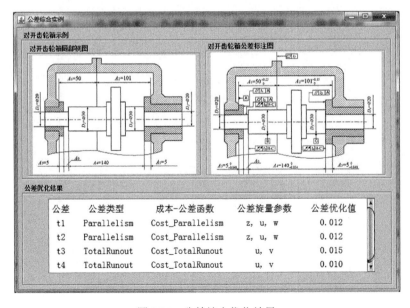

图 3.23　公差值优化结果

在应用实例研究中，主要是针对 3.2 节中对开齿轮箱的实例，计算出公差优化结果信息，包括公差类型、成本-公差函数、公差旋量参数和公差优化值，系统界面生成效果如图 3.24 所示。

公差优化结果

公差	公差类型	成本-公差函数	公差旋量参数	公差优化值
t1	Parallelism	Cost_Parallelism	z, u, w	0.012
t2	Parallelism	Cost_Parallelism	z, u, w	0.012
t3	TotalRunout	Cost_TotalRunout	u, v	0.015
t4	TotalRunout	Cost_TotalRunout	u, v	0.010

图 3.24　公差综合优化结果

3.5　本　章　小　结

3.2 节首先对装配公差综合领域相关知识进行总结和提炼,再用七步法构建装配公差综合本体,同时用网络本体语言（OWL）表示了本体中的类和属性,用 SWRL 表示了装配公差类型和装配公差值的生成规则,并构建了装配公差综合本体元模型。在基于 OWL 的结构化知识和基于 SWRL 的约束化知识的基础上,构建了装配公差综合生成知识库系统。最后,通过对开齿轮箱实例实现了其中一个零件齿轮轴的装配公差类型和装配公差值的自动生成。

3.3 节研究了基于本体的公差综合优化设计方法,给出了公差优化分配的数学模型,并设计了用于公差值优化分配的 SWRL 规则。在 3.2 节装配公差综合领域本体知识库的基础上,设计了公差综合优化设计算法。最后,通过一个工程实例分析验证了基于本体的公差优化设计算法的有效性。

3.4 节在 3.2 节和 3.3 节内容的基础上,构建了公差综合优化设计知识库,并建立了知识库的四层框架。同时运用 Java 程序设计语言和开发工具 Eclipse 设计了公差综合优化设计原型系统,系统主要展示了 3.2 节中工程案例的公差综合优化设计过程,证明了原型系统的有效性,也为实现公差综合优化设计的计算机辅助公差系统的集成提供了一种新的方法。

第4章 产品定制的本体表示及知识库构建

4.1 概　　述

产品定制的开发设计包括产品定制的开发和产品定制的设计两个过程。产品定制的开发包括前期准备工作和后期的产品建模，前期准备需要建立大规模定制（mass customization，MC）编码体系，将产品的零部件进行分类整理，对它们的名称进行分析，对零部件的可变参数、不变参数及导出参数进行分析。然后进入后期的产品建模阶段，主要对产品的主模型、主结构、主文档等进行建模。

在产品定制的设计过程中，应用相似性、重复使用性和全局性原理，利用企业之前存在的设计方法、产品的生产设备、测量工具等资源对产品零部件进行选择和重新组合，提高企业已有零件的使用频率，增加客户的选择范围。了解顾客对产品的个性化需求，选择产品的零部件，对产品的主模型和主结构等采用变型设计等方法，高效、快速设计出产品的过程称为定制。零部件的主模型由零部件的几何模型与相应的事物特性表结合组成。定制产品的主结构用来表示可配置的、标准件的组成。客户根据个性化需求从产品主结构中选取组件。产品定制的核心是变型设计，变型设计通过产品的主结构和主模型来实现。具体的产品定制的开发设计过程如图4.1所示。

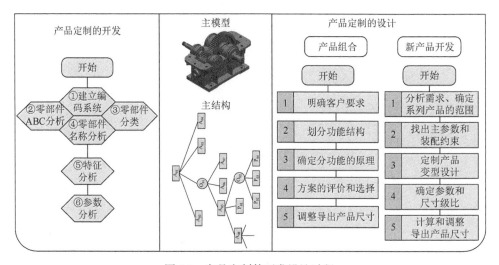

图 4.1　产品定制的开发设计过程

4.2　领域知识的传递及本体的构建

大批量定制技术是一种能够进行快速设计、实现低成本和高效率的生产方式。定制零部件的前提条件是建立相关领域知识库，根据用户的需求修改关键参数，推理得到相关定制参数，刷新主模型、主结构从而实现定制，而构建知识库的前提是要构建领域知识本体。构建领域知识本体的第一步就是要获取相关领域知识，并对知识进行分类。在信息化新时代，要从各个不同的信息源获取所需的知识就要按知识的类型做相应的数据处理，这其中包括可以直接获取的显性知识和间接获取的隐性知识两大类。分析领域知识，需要设计人员对领域知识十分熟悉，对所获得的领域知识整理归纳，并对知识进行分类。第二步是由分类的知识抽象出一种自顶向下的知识传递模型，以便于知识的传递与共享。第三步是根据表示模型构建领域知识的本体。本节选择 OWL 对零部件模型进行了形式化描述，并采用 Protégé 3.5 对零部件定制的本体进行了构建。

4.2.1　领域知识的分类

零部件定制领域知识一般通过企业生产方案、设计专家、各类设计文档等途径直接获取，它们一般以图片、文本或表格等形式存放在计算机的存储介质中。这些杂乱无章的知识需要根据知识类型与相关领域设计经验进行分类整理，进而能够有效地管理知识，提升知识检索速度。根据对领域知识的理解，本书将零部件定制领域知识分为核心知识与辅助知识两大类，具体分类如图 4.2 所示，核心

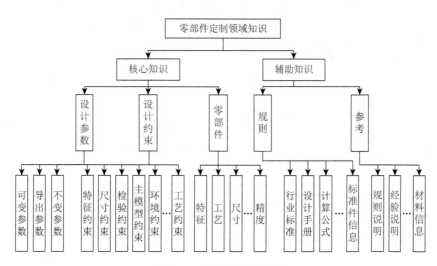

图 4.2　领域知识的分类

知识包括设计参数、设计约束与零部件三个部分，其中设计参数包括可变参数、导出参数、不变参数，可变参数是指能够直接驱动模型的参数，导出参数是指随着可变参数的变化而变化的参数，不变参数是指零部件中一般不做改动的值。设计约束包括特征约束、尺寸约束、检验约束、主模型约束、环境约束与工艺约束等，零部件包括特征、工艺、尺寸与精度等。辅助知识包括规则与参考两个部分，其中规则包括行业标准、设计手册、计算公式与标准件信息等，参考包括规则说明、经验说明与材料信息等。零部件定制领域知识经过分类后，通常经过计算机系统编码构建相应的知识库，以方便知识的管理[112]。

4.2.2　知识的传递模型

目前大多数企业主要通过变型设计手段对零部件进行定制。变型设计活动层次如图 4.3 所示，按照语义知识可分为三层，包括产品层、特征层与参数层。一个装配体可由多个零部件构成，每个零部件可由一个或多个零件和子部件构成，这些零部件之间的装配约束关系具有装配约束语义。每个零部件可具有多个表面特征，这些表面特征之间的关系具有几何约束语义。每个特征表面可以看成尺寸、工艺等参数构成的特定形式的参数集合，参数之间可通过公式、经验等方法推理出所需变型设计零部件的参数，这些参数之间的关系具有公式、经验约束语义。

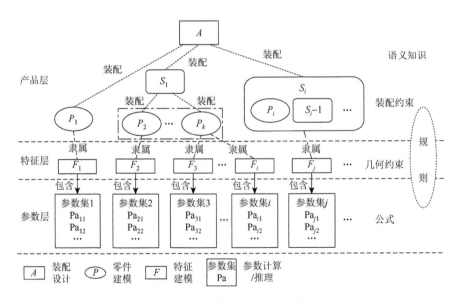

图 4.3　变型设计活动层次图

零部件定制以变型设计技术为核心，而变型设计的实现以参数的传递为核心。本书在图 4.4 的基础上添加空间关系表示层，自顶向下抽象出一个知识传递模型的基本结构，为知识的顺畅传递奠定了良好基础。此结构分为四层，分别是装配体层、表面特征层、空间关系层、特征内参数层[113]。装配体层的主要作用是提取各零件之间的装配约束关系。表面特征层的主要作用是提取各零件的特征表面。空间关系层的主要作用是确定各零件特征表面之间的空间关系。特征内参数层的主要作用是提取特征表面内部之间的参数。如图 4.4 所示，其中 Assembly 为装配体，P_q 为装配体中的零件，$q = 1, 2, \cdots, q$；$S_n(P_q)$ 为零件 P_q 的第 n 个特征表面，$n = 1, 2, \cdots, n$；同理 $m = 1, 2, \cdots, m$；$\mathrm{Pr}S_{1-i}$ 为特征表面空间关系，$i = 1, 2, \cdots, i$；M_j 为零件特征内部的参数，$j = 1, 2, \cdots, j$。

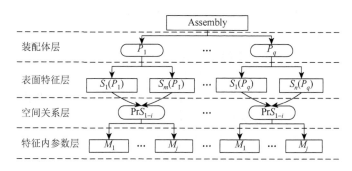

图 4.4　知识传递模型

特征内部的参数主要包括尺寸参数、工艺参数和检验参数。

（1）尺寸参数：对零部件的尺寸进行参数化分析[114]，通过对尺寸参数的分类，建立尺寸之间的约束关系式，将零部件多个尺寸参数转化为几个甚至是一个关键的可变参数来控制刷新零部件模型。

（2）工艺参数：用户定制所需零部件的过程中，零部件的特征表面实质上也会随之确定。这些特征表面根据用户的加工精度要求，采用不同的加工工艺，具有不同的工艺设备、刀具、夹具等工艺参数，用这些参数来控制一个零部件的工艺加工过程。

（3）检验参数：定制的零部件主模型无法确定其可靠性与安全性。通过有限元分析软件模拟零部件的材料属性及所处的工作环境对模型进行受力分析，所得到的最大受力、最大形变等参数可视作相应的检验参数来参考评估零部件模型的可靠性与安全性。

4.2.3　轴系零部件定制本体的构建

领域本体是一种专用本体，用于描述领域知识，同时它还是一种可以给出领域实体概念、概念之间的相互关系及领域特性和规律的形式化描述手段[115]。领域本体元模型是指采用基于领域本体的方法定义所需的概念与关系的模型，它是概念与概念间关系的有限集合。结合轴系零部件定制的领域知识，总结了轴系零部件领域本体构建的具体步骤，如下所述。

1）锁定领域本体适用的范围

通常领域本体的知识内容庞大、复杂，且应用到不同的工作环境中将产生不同的效果，所以首先就要锁定领域本体的范围及本体的应用目标。本书主要研究的是轴系零部件定制领域，所适用的范围是零部件尺寸、工艺、检验等知识的传递、重复使用问题。

2）考虑重复利用现有的本体

作者所在研究室已对零部件尺寸的自动生成本体有了一定的研究，在已有的研究成果之上对本体进一步扩展，将零部件的材料、工艺加工及模型检验等相关知识融入其中，进一步满足零部件定制的需求。

3）列出领域本体中所用到的重要概念术语

由轴系零部件定制所涉及的内容可以简单列出以下重要的术语：装配体、零件、输出轴、输入轴、装配环、轴承、大齿轮、实际特征表面、材料搭配、强度检验、刚度检验、工艺加工、有限元分析、可变参数、不变参数、导出参数等。

4）定义领域知识的类

本体用一组概念和术语来描述相关领域的知识，从各个层次的形式化模型上明确地给出术语间的相互关系，从而可以实现对领域知识的推理[77]。本书采用了自上而下的构建方式，便于以后本体类的扩展与维护。

本体主要由三部分构成，分别是类、属性和个体。其中类表示具有一定层次关系的概念；属性表示概念与概念之间的关系；个体表示类的实例，通过类与属性相关联。通过对领域知识进行分析研究之后，再构建本体的类与属性。

由轴系零部件定制领域知识的获取与分类，将其中的一元关系定义为类，对轴系零部件定制领域的核心知识进行了定义，具体的类及层次关系如图 4.5 所示。其术语及符号解释对照如下。

（1）Environment（工作环境类）、Condition（工作条件类）、Light（光）、Dust（粉尘）、Temperature（温度）、Manner（工作方式类）。

轴系零部件所处的工作环境不同，轴系传动的动力参数选择就不同，导致后续进行的设计也会发生变化。首先要明确零部件所处的工作环境，工作环境包括工作条件与工作方式，其中工作条件包括所处光照、粉尘及温度情况，工作方式包括连续型、间断型等。

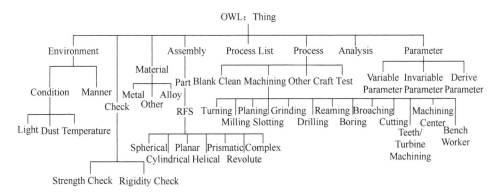

图 4.5　本体类的层次关系图

（2）Check（检验类）、Strength Check（强度检验类）、Rigidity Check（刚度检验类）。

零部件在通过变型设计进行定制以后，并不能确定新模型的安全性与可靠性。必须要经过检验（包括强度检验、刚度检验两种基本的检验方法）才能初步确定零部件的安全性与可靠性。其中强度是指材料在外力作用下抵抗永久变形和断裂的能力，刚度是指材料在外力作用下抵抗弹性变形的能力。

（3）Material（材料类）、Metal（金属类）、Alloy（合金类）、Other（其他材料类）。

定制零部件选择的材料不同，它在工作时的形变、受力也不会相同，如果选择了不合适的材料，工作时发生断裂、严重变形等重大事故会造成巨大的经济损失，同时还有可能会危及人身安全，甚至对社会造成不良的影响。所以选择合适的材料进行定制十分必要。

（4）Assembly（装配体类）、Part（零件类）、RFS（实际特征表面）、Spherical（球面）、Cylindrical（圆柱面）、Planar（平面）、Helical（螺旋面）、Prismatic（棱柱面）、Revolute（旋转面）、Complex（复杂面）。

零部件一般情况下是一个装配体，装配体由一些零件装配而成，根据Srinivasan 对几何变动的研究，任何几何体模型或零件都可以看成由数个特征表面围成的闭合几何体，特征表面分为 7 种，如表 2.1 所示，分别为球面、圆柱面、平面、螺旋面、旋转面、棱柱面、复杂面。这些特征表面可以更直接地描述零部件之间的空间形位关系。

（5）Process（工艺类）、Blank Clean（毛坯清理）、Machining（切削加工）、Other Craft（其他加工）、Test（检查）、Turning（车削）、Milling（铣削）、Planing

（刨削）、Slotting（插削）、Grinding（磨削）、Drilling（钻孔）、Reaming（铰孔）、Boring（镗削）、Broaching（拉削）、Cutting（切割）、Teeth/Turbine Machining（齿/涡轮加工）、Machining Center（加工中心）、Bench Worker（钳工）。

　　零部件的工艺加工是根据零部件特征表面类型及精度要求，对零部件每个零件进行工艺分析，为零件加工时所需的夹具、刀具等做好调度准备。工艺加工主要包含在零部件定制过程中所参与的工艺相关步骤及工艺知识，如毛坯清理、切削加工、装配等工艺步骤，在 7 个特征表面的基础上，对常规的切削加工工艺知识进行归纳总结，其具体的切削加工方式与特征表面之间的关系如表 4.1 所示。

表 4.1　加工特征表面切削加工约束关系

特征表面切削加工	车削	铣削	刨削	插削	磨削	钻孔	铰孔	镗削	拉削	切割	齿/涡轮加工	加工中心	钳工
Spherical（球面）	●	●			●							●	●
Cylindrical（圆柱面）	●	●			●	●	●	●	●				
Planar（平面）	●	●	●	●	●	●	●	●		●	●	●	●
Helical（螺旋面）	●	●			●	●		●			●	●	●
Revolute（旋转面）	●	●			●			●				●	
Prismatic（棱柱面）		●		●					●	●		●	●
Complex（复杂面）	●	●			●				●			●	●

（6）Parameter（参数类）、Variable Parameter（可变参数类）、Invariable Parameter（不变参数类）、Derive Parameter（导出参数类）。

零部件定制的过程实质上也是各种参数交互的过程,这些参数包括尺寸参数、工艺参数等。广义来看,这些参数可分为可变参数、不变参数、导出参数三类。

（7）Process List（工艺列表类）。

零部件定制的过程中,零部件具体的工艺信息映射到工艺列表上。

（8）Analysis（有限元分析类）。

定制的零部件模型在一定的工作环境下进行有限元分析,直观地观察零部件的受力、变形与安全指数等分析结果,以便对零部件的可靠性与安全性做出有效评估。

5）定义轴系零部件定制类的属性

建立类之后紧接着需要创建类的属性,类的属性包括对象属性（Object Properties）与数据属性（Data Properties）两种类型,对象属性表示类与类之间的关系,数据属性表示一个类具有特定的数值特征。其具体层次如图 4.6 所示。

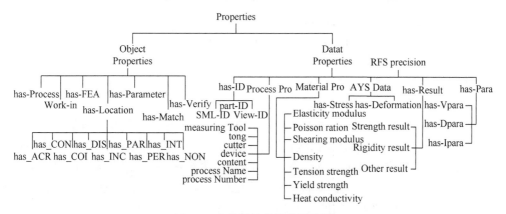

图 4.6　本体属性的关系层次图

注：其术语及符号解释对照如下。

（1）对象属性。

①has-Process 表示零部件类与工艺类之间具有工艺加工关系。

②Work-in 表示零部件与环境类之间具有工作关系。

③has-FEA 表示零部件类与分析类之间具有有限元分析关系。

④has-Location　表示特征表面之间具有空间关系,其子属性表示具有 has_ACR（装配）、has_CON（约束）、has_COI（重合）、has_DIS（分离）、has_INC（包含）、has_PAR（平行）、has_PER（垂直）、has_INT（斜交）、has_NON（异面）的关系[113]。

⑤has-Parameter 表示零部件类与参数类之间具有参数关系。

⑥has-Match 表示零部件类与材料类之间具有选择关系。

⑦has-Verify 表示零部件类与检验类之间具有检验关系。

（2）数据属性。

①has-ID 表示具有 ID 属性，其子属性 Part-ID 表示识别码，SML-ID 表示分类码，View-ID 表示视图码。

②Process Pro 表示具有工艺属性，其子属性 process Number 表示具有工序号，process Name 表示具有工序名称，content 表示具有工序内容，device 表示具有设备，cutter 表示具有刀具，tong 表示具有夹具，measuring Tool 表示具有量具。

③Material Pro 表示具有材料属性，其子属性 Elasticity modulus 表示具有弹性模量，Poisson ration 表示具有泊松比，Shearing modulus 表示具有抗剪模量，Density 表示具有密度，Tension strength 表示具有抗拉强度，Yield strength 表示具有屈服强度，Heat conductivity 表示具有导热系数。

④AYS Data 表示具有分析数据属性，其子属性 has-Stress 表示具有受力数值属性，has-Deformation 表示具有形变位移数值属性。

⑤has-Result 表示具有检验结果数据属性，其子属性 Strength result 表示强度检验结果，Rigidity result 表示刚度检验结果，Other result 表示其他检验结果。

⑥has-Para 表示具有参数数据属性，其子属性 has-Vpara 表示具有可变参数，has-Ipara 具有不变参数，has-Dpara 具有导出参数。

6）限定属性的定义域与值域

（1）对象属性的限定：属性 has-Process 的定义域和值域分别是 Part 和 Process；属性 Work-in 的定义域和值域分别是 Assembly 和 Environment；属性 has-Location 及其子属性的定义域和值域均为 RFS；属性 has-Parameter 的定义域和值域分别是 Part 和 Parameter；属性 has-Match 的定义域和值域分别是 Assembly 和 Material；属性 has-Verify 的定义域和值域分别是 Assembly 和 Check。

（2）数据属性的限定：属性 has-ID 的定义域是 Assembly，值域是字符串类型；属性 Process Pro 及其子属性的定义域是 Process List，值域是字符串类型；属性 AYS Data 及其子属性的定义域是 Analysis，值域是浮点数类型；属性 has-Result 及其子属性的定义域是 Check，值域是字符串类型；属性 has-Para 及其子属性的定义域是 Parameter，值域是浮点数类型。

7）在实际应用中创建类的实例

零部件定制领域知识在进行本体构建的过程中，无论是零部件的层次信息还是定制过程中所涉及的尺寸、工艺与检验等信息，都会在软件的实例个体属性栏中清晰呈现，以便于设计人员进行查阅、修改。创建类的实例需符合实际的应用需求，在对属性进行了定义域和值域的限定之后，最后设定类与属性及其约束关系，零部件定制本体元模型如图 4.7 所示，即完成了领域本体的构建。

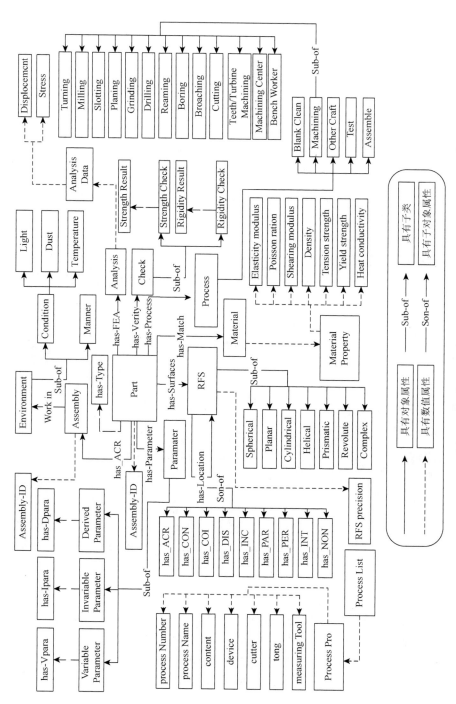

图 4.7　轴系零部件定制本体元模型

4.3　轴系零部件定制的 SWRL 规则

OWL 虽然具有较强的表述能力与可判定性,所构建的本体可以在类与类之间进行推理并对类进行区分, 但是 OWL 推理能力存在不足, 不能完善地表示轴系零部件定制领域内的尺寸参数约束、工艺加工约束、特征约束及模型检验约束等设计规则与设计经验,而这些设计规则与设计经验决定了定制的质量。针对本体不能直接表达规则的问题,W3C 在 OWL 的基础上提出了语义网规则语言(SWRL)。SWRL 由 RuleML 演变而来,与本体论相结合,促进了 Horn-like 规则,充分表示了概念之间的关系,增强了本体的推理能力。由于 SWRL 语法结构简单、编码较易上手,可以很容易被设计人员理解、接受,大大提升了本体中规则的重复使用性[112]。零部件定制的相关约束规则与设计经验都可以用 SWRL 来表示。图 4.8 是部分轴系零部件定制 SWRL 规则在 Protégé 软件中的截图,可将这些规则大体分为四个部分:工作环境规则、工艺加工规则、零部件尺寸规则与零部件模型检验规则。

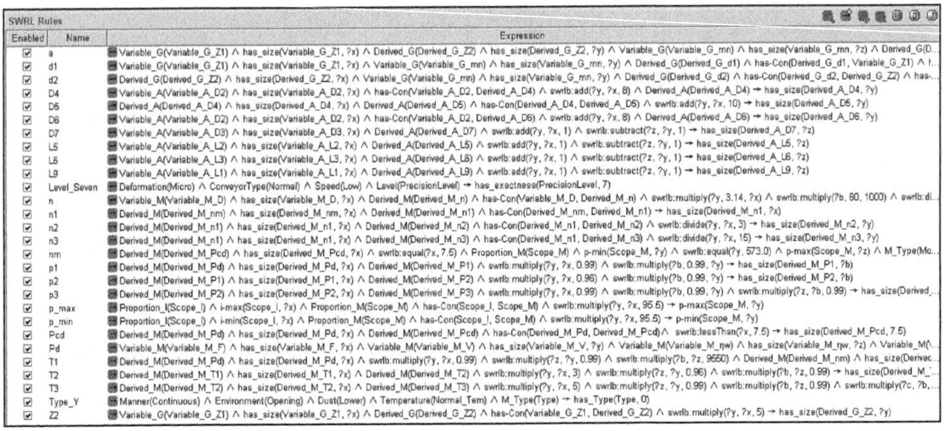

图 4.8　部分 SWRL 规则

本书对减速器的轴系零部件进行定制,根据用户不同的需求,减速器在不同的工作环境下首先需要选择不同型号的电动机设备,只有先确定了电动机型号,才能进一步确定减速器轴系传动装置(输入轴、输出轴与齿轮的装配体)的转速与扭矩(运动与动力参数),以便于定制零部件模型及完成最后模型的检验。表 4.2 是部分特定工作环境下零部件选择推理规则。

表 4.2　部分选择推理规则

规则	SWRL 表示	规则说明
规则 1	Part（motor）∧has-Parameter（motor, Pd）∧Derive_Parameter（Pd）∧Part（motor）∧has-Parameter（motor, F）∧ Variable_Parameter（F）∧has-Parameter（motor, V）∧ Variable_Parameter（V）∧Part（motor）∧has-Parameter（motor, ηw）∧Variable_Parameter（ηw）∧has-Parameter（motor, ηa）∧Variable_Parameter（ηa）∧has-Vpara（F, ?a）∧has-Vpara（V, ?b）∧has-Vpara（ηw, ?c）∧has-Vpara（ηa, ?d）∧ SWRLb: multiply（?x, ?a, ?b）∧SWRLb: multiply（?y, ?c, ?d, 1000）∧SWRLb: divide（?z, ?x, ?y）→has-Dpara（Pd, ?z）	零部件的电动机 motor 具有一个导出参数 Pd，四个可变参数分别是 F、V、ηw、ηa。Pd 表示所需电动机功率，F 表示圆周力，V 表示速度，ηw 表示工作机效率，ηa 表示传动装置总效率。通过可变参数的计算，可以得出导出参数 Pd 的值，其中 Pd = F×V/ηw×ηa×1000
规则 2	Assembly（Reducer）∧Part（motor）∧Work-in（Reducer, Open）∧Manner（Open）∧Work-in（Reducer, Low）∧ Dust（Low）∧Work-in（Reducer, NorTem）∧Temperature（NorTem）∧Work-in（Reducer, Continue）∧Manner（Continue）→has-Type（motor, "Y"）	减速器在低粉尘、常温的工作环境下，采用开放式、连续式的生产方式进行工作，这种情况下需要选择 Y 型电动机

通过零部件各个几何特征表面就可以确定整个零部件的工艺加工信息。例如，轴的外表面是圆柱面且要求的加工精度为 8，那么就要采用车削加工，加工过程中刀具用的是车刀，夹具用的是三爪卡盘，量具用的是游标卡尺等。具体的加工信息可以在批量生产前确定，这样就大大减少了工作人员查询相关工艺手册与调度生产资料的工作量，提升了生产与加工的效率。表 4.3 是部分工艺加工的相关推理规则。

表 4.3　部分工艺加工推理规则

规则	SWRL 表示	规则说明
规则 3	Process_List（?x）∧Part（?y）∧Cylindrical（?z）∧ Machining（?u）∧has-Surfaces（?y, ?z）∧RFS_precision（?z, ?T）∧SWRLb: greaterThan（?T, 6）∧SWRLb: lessThan（?T, 12）∧has-Process（?z, ?u）→processNumber（?x, "2"）∧processName（?x, "Turning"）∧device（?x, "Lathe"）∧cutter（?x, "Turning tool"）∧tong（?x, "Three-jaw chuck"）∧measuringTool（?x, "Vernier caliper"）	工艺列表反映零件的工艺属性，若零件特征表面为圆柱面，精度要求为"IT6～IT12"，采用"车削"工艺，则分别生成工艺序号"2"、工艺名称"Turning"、工艺设备类型"Lathe"、刀具类型"Turning tool"、夹具类型"Three-jaw chuck"、量具类型"Vernier caliper"等属性值返回给工艺列表类
规则 4	Process_List（?x）∧Part（?y）∧Helical（?z）∧ Process_List（?x）∧Part（?y）∧Helical（?z）∧Machining（?u）∧has-Surfaces（?y, ?z）∧RFS_precision（?z, ?T）∧SWRLb: greaterThan（?T, "6"）∧SWRLb: lessThan（?T, "12"）∧has-Process（?z, ?u）→processNumber（?x, "4"）∧processName（?x, "Drilling"）∧device（?x, "Drilling Machine"）∧cutter（?x, "Twist drill"）∧tong（?x, "Special fixture"）∧measuringTool（?x, "Vernier caliper"）	工艺列表反映零件的工艺属性，该零件特征表面为螺旋面，精度等级为"IT6～IT12"，采用"钻孔"工艺，则生成工艺序号"4"、工艺名称"Drilling"、工艺设备类型"Drilling Machine"、刀具类型"Twist drill"、夹具类型"Special fixture"、量具类型"Vernier caliper"等属性值返回给工艺列表类

对零部件的尺寸进行研究分析，根据《机械设计手册》和设计经验，建立零

部件各零件之间尺寸参数约束关系与各零件内部的参数约束关系。这些参数约束关系大多可由计算公式替代。SWRL 内嵌了丰富的操作函数，如有用作比较的 SWRLb：lessThanOrEqual 等函数，有用作数学运算的 SWRLb：multiply、SWRLb：sin 等函数，还有用作字符串、日期、URI 列表等函数[61]。运用这些操作函数可以方便地描述尺寸参数约束关系，表 4.4 是部分尺寸的推理规则。

表 4.4　部分尺寸推理规则

规则	SWRL 表示	规则说明
规则 5	Part（m4）∧has-Parameter（m4, d4）∧Drive Parameter（d4）∧Part（m7）∧has-Parameter（m7, d2）∧Drive Parameter（d2）∧has-Dpara（d2, ?b）∧has_CON（d4, d2）→has-Dpara（d4, ?b）	零部件的输出轴 m4 有直径尺寸 d4，零部件的大齿轮 m7 有直径尺寸 d2，两零部件之间有装配约束关系 d4 = d2，当 d4 发生改变时，d2 会相应变化
规则 6	Part（m4）∧has-Parameter（m4, d4）∧Drive Parameter（d4）∧has-Parameter（m4, s4）∧Drive Parameter（s4）∧has-Dpara（d4 ?a）∧has_CON（d4, s4）∧SWRLb：multiply（?b, ?a, 0.66）→has-Dpara（s4, ?b）	零部件的输出轴 m4 有直径尺寸 d4 与长度尺寸 s4，d4 与 s4 之间有约束关系 s4 = 0.66d4，当 d4 发生改变时，s4 会相应发生变化
规则 7	Part（?x）∧has-Parameter（?x, Z）∧Variable Parameter（Z）∧has-Parameter（?x, Mn）∧Variable Parameter（Mn）∧has-Vpara（Z, ?a）∧has-Vpara（Mn, ?b）∧has_CON（Z, Mn）∧has-Parameter（?x, d）∧Derive Parameter（d）SWRLb：multiply（?c, ?a, ?b）→has-Dpara（d, ?c）	已知大齿轮 d 的齿数 Z 的数值与模数 Mn 的数值，且分度圆直径 d 与 Z、Mn 具有特征内部约束关系，可求出分度圆直径 d，d = Z×Mn

　　由前面的推理规则推理得出的参数可定制得出零部件的主模型、主结构，但是在特定的工作环境下不一定确保定制零部件的可靠性与安全性。引入有限元分析的方法对模型进行分析，得出相关受力、变形等数据作为输入，利用检验规则对模型的强度检验和刚度检验等结果进行推理，不符合的零部件模型需要返回上一步调整零部件尺寸或零部件材料，直到检验通过，表 4.5 是部分检验推理规则。

表 4.5　部分检验推理规则

规则	SWRL 表示	规则说明
规则 8	Part（?x）∧Material（?y）∧has-match（?x, ?y）∧Yield_strength（?y, ?b）→Yield_strength（?x, ?b）	零部件选择使用一种材料，零部件就具有了这种材料的屈服强度属性
规则 9	Part（?x）∧Analysis（?y）∧FEA（?x, ?y）∧has-Deformation（?y, ?a）∧has-Stress（?y, ?b）→has-Deformation（?x, ?a）∧has-Stress（?x, ?b）	模型经过有限元分析具有了有限元分析的数值属性（最大形变量）与数值属性（最大应力）
规则 10	Part（?x）∧has-Verify（?x, ?y）∧Analysis（?y）∧Yield_Strength（?x, ?m）∧has-Stress（?x, ?b）∧SWRLb：greaterThanOrEqual（?m, ?b）→Strength_Result（?y, true）	如果模型的屈服强度大于等于所受的最大应力，表示零部件通过了强度检验，其结果为 true

4.4　轴系零部件定制知识库系统

　　结合轴系零部件定制的本体和轴系零部件 SWRL 定制规则可以构建轴系零部

件定制本体知识库系统,知识库不仅可以存放数据,而且能提供清晰的语义信息和系统化知识,解决了数据结构异构、语义异构的问题,保证了定制过程中的信息在异构 CAX 系统之间能够有效共享和顺畅传递[113]。本节设计了轴系零部件定制知识库系统的建模框架,如图 4.9 所示,该框架将知识库自底向上划分为五层,分别是数据源层、知识处理层、本体层、推理层和用户层。

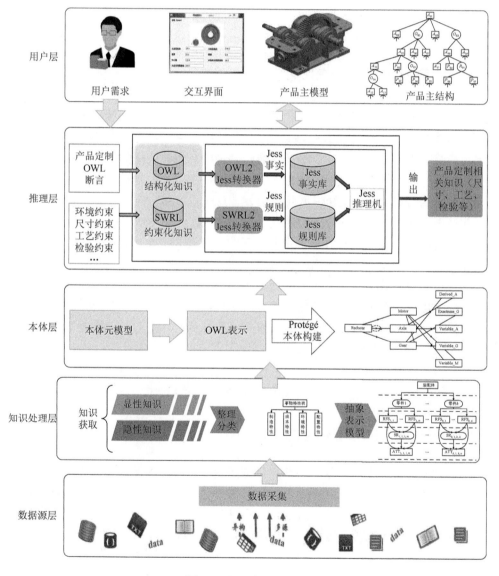

图 4.9　知识库设计框架

（1）数据源层的主要作用是采集领域知识。在互联网飞速发展的今天，知识大量存在于非结构化的文本数据、半结构化的表格和网页及数据库的结构化数据中，大量的数据组成了数据源。其中零部件定制领域一般选择《机械设计手册》、专业文档和经验知识作为知识源。

（2）知识处理层的主要作用是对领域知识进行处理。获取相关领域的知识，对知识进行整理、归纳、分类。根据变型设计的知识活动层次，抽象出一种自顶向下的零部件模型基本结构，为参数的顺畅传递奠定了良好基础。

（3）本体层的主要作用是构建零部件定制的本体。根据构建的本体元模型，利用 OWL 描述零部件定制概念、属性等知识的层次关系，消除它们的二义性，同时可在异构 CAD 系统中重复使用、共享，从而避免了大量的重复性工作，为推理层与用户层提供了知识支持。

（4）推理层的主要作用是为知识库的应用层提供隐含知识和推理支撑。在已有的本体层的基础上，添加 SWRL 语义推理规则，描述 OWL 所不能描述的约束规则与经验规则，通过推理引擎推理得到隐含的、用户所需的知识。

推理层的构成主要有 OWL2Jess 转换器、SWRL2Jess 转换器与 Jess 推理机。零部件定制 OWL 结构化知识可通过 OWL2Jess 转换器转换成能被 Jess 推理机识别并处理的 Jess 事实；相关零部件定制的 SWRL 约束化知识可通过 SWRL2Jess 转换器转换为能被 Jess 推理机识别并处理的 Jess 规则；Jess 推理机能够独立描述语言并且通用性较强，所以选择 Jess 推理机作为推理层的推理引擎来完成零部件尺寸、工艺和检验结果等参数的推理。

（5）用户层的主要作用是将零部件定制的尺寸、工艺与检验等结果通过人机交互界面返回给用户，便于用户直接进行观察与操作，通过这些数据来确定零部件的主模型与主结构。

4.5　零部件定制算法设计

4.5.1　减速器及轴系零部件的概述

随着人们日常生活质量的提高，日常所用的机械设备在人们的生活当中扮演着重要的角色。本书主要对减速器的轴系零部件进行研究。减速器通常被用作原动件和工作件之间的减速传动装置，在原动件和工作件之间起匹配转速和传递转矩的作用，在现代机械中应用十分普遍[116]。减速器种类繁多、应用范围极广，几乎所有的机械传动系统都跟它有关，如汽车、轮船等交通工具，搅拌机、地钻等大型建筑机械设备，洗衣机、钟表等日常用品，等等。

机械零部件大体分为三大类，分别是轴系零部件、支架类零部件与箱体类零部件。其中轴系零部件的主要作用是传递动力，支架类零部件的主要作用是支撑轴系零部件，箱体类零部件的主要作用是保护重要零部件。减速器核心的结构就是轴系传动结构，它直接决定着设备之间速度和扭矩的转换情况。一级直齿轮减速器爆炸图如图 4.10 所示，其中轴系传动结构由输入轴（齿轮轴）、输出轴、大齿轮、轴承及装配环组成。由于输入轴与大齿轮啮合，输入轴带动大齿轮转动，从而达到了减速的作用，大齿轮通过键与输出轴装配，从而将所需转速传递给外部设备，最终达到匹配转速和传递转矩的目的。

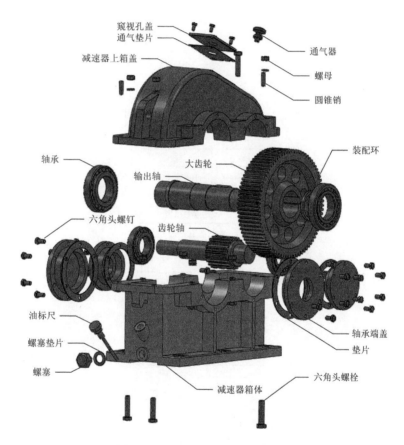

图 4.10 一级直齿轮减速器爆炸图

4.5.2 定制算法具体流程

根据 4.5.1 节零部件表示模型的划分，提出一种轴系零部件定制算法设计流程，如图 4.11 所示，具体的定制步骤如下。

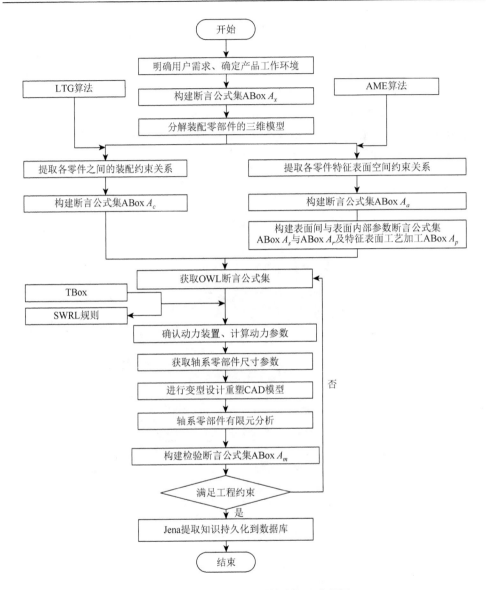

图4.11 轴系零部件定制算法设计流程图

步骤 1 明确用户的需求，考虑轴系零部件所处的工作环境，构建工作环境的 OWL 断言公式集 ABox A_x。应用零部件定制的本体与 SWRL 规则推理得出适用的电动机类型，同时根据轴系零部件之间的传送比即可推理出运动与动力参数，包括传动装置的功率、转矩、转速。这些参数为后续零部件的定制奠定了基础。

步骤 2 在三维造型软件中将原始减速器轴系传动结构模型拆分成各个零

件。零件与零件之间的装配约束关系可通过 LTG 算法[102]获取，各零部件特征表面之间的约束关系可通过 AME 算法[103]获取。

步骤 3　在步骤 2 的基础上，构建各零件之间的装配约束关系的 OWL 断言公式集 ABox A_c 与各零部件特征表面空间约束关系的 OWL 断言公式集 ABox A_a。

步骤 4　根据零部件的特征表面空间约束关系，构建特征表面间尺寸参数约束关系的 OWL 断言集 ABox A_s，特征面又可看作特征参数的集合，同时构建特征表面内部尺寸参数约束关系的 OWL 断言集 ABox A_r。

步骤 5　根据零部件特征表面的类型构建零部件特征表面工艺加工 ABox A_p。

步骤 6　以 ABox A_x、A_c、A_a、A_s、A_r 和 A_p 中的个体作为输入，应用零部件定制的本体与 SWRL 规则推理得出尺寸与工艺加工信息，通过这些信息进行模型定制，得到零部件的主模型。

步骤 7　引入有限元分析技术对重塑的模型进行有限元分析，可以获取模型的受力、变形等信息。根据有限元分析结果，构建轴系传动结构有限元检验的 OWL 断言公式集 ABox A_m，应用零部件定制的本体与 SWRL 推理得出检验信息。

步骤 8　若定制的零部件检验成功即可结束定制过程，否则返回修改相关的尺寸、工艺参数，直到通过检验。

4.6　实　例　研　究

从本体被提出至今，涌现过不少本体编写工具，其中 Protégé 是基于 Java 语言开发的本体编辑和知识获取软件，它可以屏蔽具体的本体描述语言，直接在概念层次上对本体概念类、属性和实例进行构建。在 Protégé 编辑栏中可以对类、属性、个体直接进行添加、删除等操作，这使得本体的构建更加方便，降低了构建本体的难度。本书选择 Protégé 3.5 版本对轴系零部件定制领域本体进行了构建，具体的构建步骤如下。

（1）定义类及类之间的层次关系。根据本体元模型可以构建相关领域的本体。进入 Protégé 3.5 主界面，如图 4.12 所示，上方选项包括类（OWL Classes）、属性（properties）、个体（individuals）、格式（forms）、规则（SWRL Rules）及层次可视化（OWL Viz）等，单击各个选项可以进入相应的编辑框进行编辑。单击 OWL Classes 选项，在类的编辑框中对类进行构建，断言条件（asserted condition）编辑框可以添加、删除类的层次关系，互斥条件（disjoints）编辑框可以定义类与类之间的互斥关系。

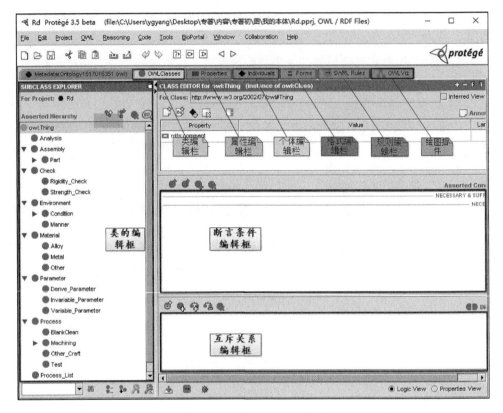

图 4.12　Protégé 3.5 主界面

　　图 4.13 是由 Protégé 中的插件 OWL Viz 绘制的类与类之间的层次关联图，它可以直观地描绘类与类之间的层次关系。

　　（2）定义属性。如图 4.14 所示，类的对象属性与数据属性可在 Protégé 3.5 属性编辑栏 Properties 中定义，定义属性的同时可以在 Domain 栏和 Range 栏分别指定它们的定义域和值域。本体类与属性都按照 OWL RDF/XML 语法格式进行编码，部分类的编码如图 4.15（a）所示，其中 rdfs：subClassOf 表示是某一个类的子类，例如，Part 类是 Assembly 类的子类。部分属性的编码如图 4.15（b）所示，rdfs：domain 限定属性的定义域，rdfs：range 限定属性的值域，例如，属性 has-Location 的定义域与值域都是 RFS。

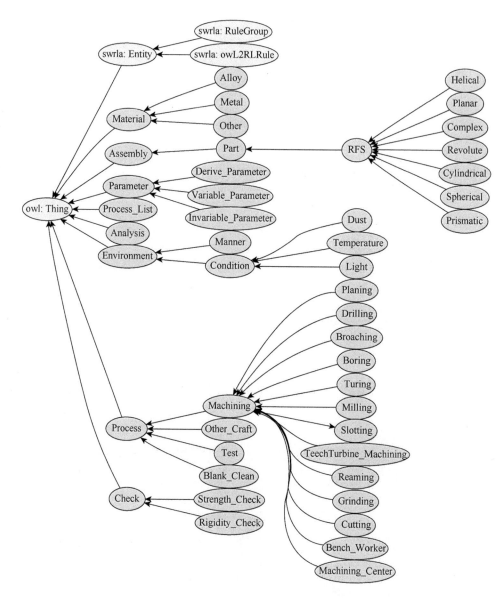

图 4.13　OWL Viz 生成的类层次图

（3）定义属性的限制范围。表 4.6 是各个对象属性定义域与值域的限制，表 4.7 是各个数据属性定义域与值域的约束范围。

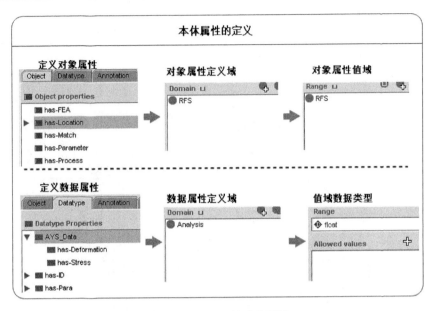

图 4.14　Protégé 构建的属性

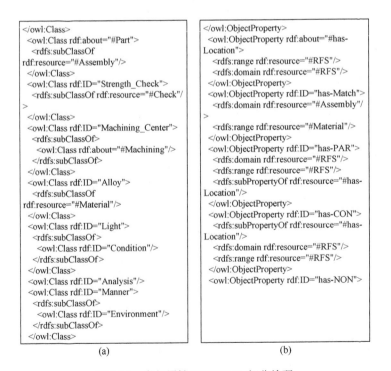

图 4.15　类与属性 RDF/XML 部分编码

表 4.6　对象属性约束范围

对象属性	定义域	值域	对象属性	定义域	值域
has-Process	Part	Process	has-Location	RFS	RFS
has-Surfaces	Part	RFS	has-Parameter	Part	Parameter
has-FEA	Assembly	Analysis	has-Match	Assembly	Material
Work-in	Assembly	Environment	has-Verify	Assembly	Check

表 4.7　数据属性约束范围

数据属性	定义域	值域	数据属性	定义域	值域
has-ID	Assembly	string	Part-ID	Part	string
processNumber	Process List	string	Elasticity modulus	Material	float
processName	Process List	string	Poisson ration	Material	float
content	Process List	string	Shearing modulus	Material	float
device	Process List	string	Density	Material	float
cutter	Process List	string	Tension strength	Material	float
tong	Process List	string	Yield strength	Material	float
measuringTool	Process List	string	Heat conductivity	Material	float
has-Stress	Analysis	float	has-Deformation	Analysis	float
Strength result	Check	string	Rigidity result	Check	string
has-Ipara	Parameter	float	has-Vpara	Parameter	float
has-Dpara	Parameter	float			

以减速器轴系传动结构为例，基于本体的零部件定制知识库系统，对减速器轴系传动结构零部件进行定制，可按如下步骤实施。

（1）明确用户的需求，外部设备带式运输机要求带的圆周力为 2400N，带速为 2m/s，滚筒直径为 400mm。考虑减速器所处的工作环境，选择适用的电动机类型是设计轴系零部件的第一步。如表 4.8 所示，根据用户的需求构建减速器工作环境的 OWL 断言公式集 ABox A_x。其中 Reducer 表示减速器，电动机 motor 具有一个导出参数 Pd，四个可变参数分别是 F、V、ŋw、ŋa。Pd 表示所需电动机功率，F 表示圆周力，V 表示速度，ŋw 表示工作机效率，ŋa 表示传动装置总效率。Open 与 Continue 表示开放式、连续式的生产方式，Low dust 与 NorTem 表示低粉尘、常温的工作环境。

表 4.8　工作环境约束关系 ABox

$A_x^{(7)}$ = {Assembly（Reducer），Part（motor），Derive parameter（Pd），

　　　　　Variable parameter（F），Variable parameter（V），Variable parameter（ŋw），Variable parameter（ŋa），

　　　　　Manner（Open），Dust（Low dust），Temperature（NorTem），

　　　　　Manner（continue），

　　　　　work_in（Reducer，Open），work_in（Reducer，Low dust），

　　　　　work_in（Reducer，NorTem），work_in（Reducer，continue）}

经过知识库的推理选择 Y 型电动机。电动机确定后根据所选择传动装置之间的传送比与传送效率即可确定减速器传动装置运动与动力参数，包括传动装置的功率、转矩、转速。其中电动机、输入轴与输出轴之间的传送比取 1∶3∶15，电动机到输入轴的传送效率是 0.9504，输入轴到输出轴的传送效率是 0.9702。具体传动装置的参数如表 4.9 所示。这些参数为后续零部件的定制奠定了基础。

表 4.9　减速器传动装置的运动与动力参数

传动装置	功率 P/kW	转矩 T/(N·m)	转速 n/(r/min)	传送比 i
电动机	5.6	36.4	1440	1
输入轴	5.179	103.8	480	3
输出轴	5.025	503.5	96	15

（2）通过 LTG 算法与 AME 算法分别获取到零件之间的装配约束关系与特征表面之间的约束关系，具体的零部件结构关系与如图 4.16 所示。

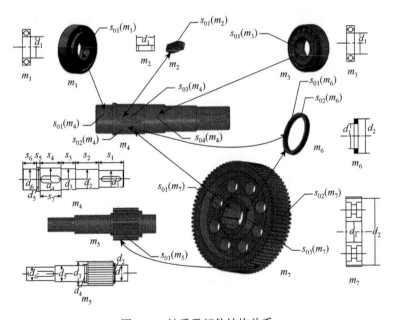

图 4.16　轴系零部件结构关系

（3）如表 4.10 所示，在步骤（2）的基础上，构建零件之间的装配约束关系的 OWL 断言公式集 ABox A_c。其中 Part 表示减速器轴系传动装配体中的零件，has_ACR 表示零件与零件之间具有的装配约束关系，m_1、m_2、m_3、m_4、m_5、m_6、m_7 分别是轴承 1、键、轴承 2、输出轴、输入轴、装配环、齿轮的个体。

表 4.10 零部件之间装配约束关系的 ABox

$A_c^{(7)}$ = {Part (m_1), Part (m_2), Part (m_3), Part (m_4), Part (m_5), Part (m_6), Part (m_7),

has_ACR (m_1, m_4), has_ACR (m_4, m_1), has_ACR (m_2, m_4), has_ACR (m_4, m_2),

has_ACR (m_3, m_4), has_ACR (m_4, m_3), has_ACR (m_4, m_6), has_ACR (m_6, m_4),

has_ACR (m_4, m_7), has_ACR (m_5, m_7), has_ACR (m_6, m_7), has_ACR (m_7, m_6) }

如表 4.11 所示,构建特征表面之间装配约束关系的 OWL 断言公式集 ABox A_a。其中 RFS 表示零件的特征表面,将图 4.16 中各零件的特征表面作为个体,如输出轴 m_4 的特征表面为 s_{01} (m_4)、s_{02} (m_4)、s_{03} (m_4)、s_{04} (m_4)。

表 4.11 装配特征表面之间装配约束关系 ABox

$A_a^{(12)}$ = {RFS $(s_{01}$ $(m_1))$, RFS $(s_{01}$ $(m_2))$, RFS $(s_{01}$ $(m_3))$, RFS $(s_{01}$ $(m_4))$, RFS $(s_{02}$ $(m_4))$, RFS $(s_{03}$ $(m_4))$,

RFS $(s_{04}$ $(m_4))$, RFS $(s_{01}$ $(m_5))$, RFS $(s_{01}$ $(m_6))$, RFS $(s_{01}$ $(m_7))$, RFS $(s_{02}$ $(m_7))$, RFS $(s_{03}$ $(m_7))$,

has_ACR $(s_{01}$ (m_1), s_{01} $(m_4))$, has_ACR $(s_{01}$ (m_4), s_{01} $(m_1))$,

has_ACR $(s_{01}$ (m_2), s_{03} $(m_4))$, has_ACR $(s_{03}$ (m_4), s_{01} $(m_2))$,

has_ACR $(s_{01}$ (m_3), s_{04} $(m_4))$, has_ACR $(s_{04}$ (m_4), s_{01} $(m_3))$,

has_ACR $(s_{04}$ (m_4), s_{01} $(m_6))$, has_ACR $(s_{01}$ (m_6), s_{04} $(m_4))$,

has_ACR $(s_{02}$ (m_4), s_{01} $(m_7))$, has_ACR $(s_{01}$ (m_7), s_{02} $(m_4))$,

has_ACR $(s_{01}$ (m_5), s_{02} $(m_7))$, has_ACR $(s_{02}$ (m_7), s_{01} $(m_5))$,

has_ACR $(s_{01}$ (m_6), s_{03} $(m_7))$, has_ACR $(s_{03}$ (m_7), s_{01} $(m_6))$ }

(4)根据特征面之间的装配约束关系,以及特征面之间尺寸参数的约束关系,构建特征表面间参数约束关系的 OWL 断言集 ABox A_s,如表 4.12 所示。其中 has_CON 表示参数之间具有约束关系,d_1 (m_1) 等表示各个参数,具体含义为零部件 m_1 的参数 d_1。

表 4.12 特征表面之间的参数约束关系 ABox

$A_s^{(13)}$ = {d_1 (m_1), s_1 (m_2), d_1 (m_3), d_6 (m_4), s_7 (m_4), d_3 (m_4), d_4 (m_4), d_3 (m_5), d_1 (m_6), d_2 (m_6),

d_1 (m_7), d_2 (m_7),

has_CON $(d_1$ (m_1), d_6 $(m_4))$, has_CON $(d_6$ (m_4), d_1 $(m_1))$,

has_CON $(s_1$ (m_2), s_7 $(m_4))$, has_CON $(s_7$ (m_4), s_1 $(m_2))$,

has_CON $(d_1$ (m_3), d_3 $(m_4))$, has_CON $(d_3$ (m_4), d_1 $(m_3))$,

has_CON $(d_1$ (m_6), d_3 $(m_4))$, has_CON $(d_3$ (m_4), d_1 $(m_6))$,

has_CON $(d_2$ (m_6), d_5 $(m_4))$, has_CON $(d_5$ (m_4), d_2 $(m_6))$,

has_CON $(d_3$ (m_5), d_1 $(m_7))$, has_CON $(d_1$ (m_7), d_3 $(m_5))$,

has_CON $(d_2$ (m_7), d_4 $(m_4))$, has_CON $(d_4$ (m_4), d_2 $(m_7))$ }

特征面可以看作特征尺寸参数的集合,构建特征内部参数约束关系的 OWL 断言集 ABox A_r,如表 4.13 所示。

表 4.13　特征内部的参数约束关系 ABox

$A_r^{(12)}$ = {d_1 (m_4), d_2 (m_4), d_3 (m_4), d_4 (m_4), d_5 (m_4), d_6 (m_4), s_1 (m_4), s_2 (m_4), s_3 (m_4), s_4 (m_4),
s_5 (m_4), s_6 (m_4),
has_CON (d_2 (m_4), d_3 (m_4)), has_CON (d_3 (m_4), d_2 (m_4)),
has_CON (d_2 (m_4), d_5 (m_4)), has_CON (d_5 (m_4), d_2 (m_4)),
has_CON (d_4 (m_4), d_5 (m_4)), has_CON (d_5 (m_4), d_4 (m_4)),
has_CON (d_3 (m_4), d_6 (m_4)), has_CON (d_6 (m_4), d_3 (m_4)),
has_CON (d_2 (m_4), s_2 (m_4)), has_CON (s_2 (m_4), d_2 (m_4)),
has_CON (s_2 (m_4), s_3 (m_4)), has_CON (s_3 (m_4), s_2 (m_4)),
has_CON (d_4 (m_4), s_4 (m_4)), has_CON (s_4 (m_4), d_4 (m_4)),
has_CON (d_4 (m_4), s_5 (m_4)), has_CON (s_5 (m_4), d_4 (m_4)) }

（5）结合特征表面与加工精度要求，对零部件进行工艺分析，分析零件个体与工艺约束关系及加工特征表面与工艺约束关系，构建基于 OWL 的工艺约束关系 ABox A_p，如表 4.14 所示。has-Process 表示具有工艺加工关系，Blank Clean 表示毛坯清理，Machining 表示切削加工，Turning 表示车削，Milling 表示铣削，Grinding 表示磨削，Boring 表示镗削，Teeth/Turbine Machining 表示齿/涡轮加工。

表 4.14　零部件特征表面工艺约束关系 ABox

$A_p^{(12)}$ = {Part (m_2), Part (m_4), Part (m_5), Part (m_6), Part (m_7), RFS (s_{01} (m_2)), RFS (s_{01} (m_4)),
RFS (s_{02} (m_4)), RFS (s_{03} (m_4)), RFS (s_{04} (m_4)), RFS (s_{01} (m_5)), RFS (s_{01} (m_6)),
RFS (s_{01} (m_7)), RFS (s_{02} (m_7)), RFS (s_{03} (m_7)),
Process (Blank Clean), Process (Machining),
has-Process (m_2, Blank Clean), has-Process (m_4, Blank Clean),
has-Process (m_4, Machining), has-Process (m_5, Blank Clean),
has-Process (m_5, Machining), has-Process (m_6, Blank Clean),
has-Process (m_6, Machining), has-Process (m_7, Machining),
has-Process (s_{01} (m_2), Turning), has-Process (s_{01} (m_4), Grinding),
has-Process (s_{02} (m_4), Grinding), has-Process (s_{03} (m_4), Milling),
has-Process (s_{04} (m_4), Grinding), has-Process (s_{01} (m_5), Teech/Turbine Machinjg),
has-Process (s_{01} (m_6), Turning), has-Process (s_{02} (m_6), Turning),
has-Process (s_{02} (m_7), Boring), has-Process (s_{02} (m_7), Teech/Turbine Machinjg) }

（6）应用轴系零部件定制知识库系统对一级减速器轴系传动结构尺寸参数与工艺参数进行自动推理。根据需求输入 A_p、A_a、A_s 和 A_r 个体后，执行 Jess 推理机，推理机将 OWL 知识转化为 Jess 知识，SWRL 规则转换为 Jess 规则，通过知识库系统自动推理，并根据输入条件查找符合要求的 Jess 规则，得出 Jess 推理结果，最后将结果还原为 OWL 知识，所得到的尺寸参数与工艺加工参数发生相应的数据更新。输出轴的直径 d_4 为 60mm 时可推理出线性长度 s_4 为 40mm，相似地可以推理出整个输出轴的尺寸参数，如图 4.17 所示。同理零部件中各个零件的尺寸参数就组成了整个轴系零部件的尺寸参数。

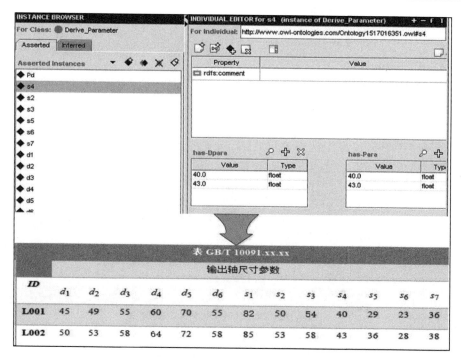

图 4.17 输出轴尺寸推理结果

ID	d_1	d_2	d_3	d_4	d_5	d_6	s_1	s_2	s_3	s_4	s_5	s_6	s_7
L001	45	49	55	60	70	55	82	50	54	40	29	23	36
L002	50	53	58	64	72	58	85	53	58	43	36	28	38

由推理规则推理而成的输出轴 m_4 的工艺信息列表如图 4.18 所示，其中包括工艺序号为 "2"、工艺名称为 "Turning"、工艺设备类型为 "Lathe"、刀具类型为 "Turning tool"、夹具类型为 "Three-jaw chuck"、量具类型为 "Vernier caliper"。各个零件工艺加工参数组成了整个轴系零部件的工艺加工参数。

通过这些主要的参数在三维造型软件中对轴系零部件模型进行重塑，至此所定制的轴系零部件主模型建立完成。

（7）在前面步骤的基础上，将所定制的轴系零部件模型导入有限元分析软件中，通过有限元分析技术对模型进行分析检验。具体步骤如下。

①前置处理阶段。

a.创建分析算例。根据用户对模型的分析需求，选择合适的分析种类，并创建相应算例。由于本书主要对定制模型进行强度检验与刚度检验，所以选用静态分析。

b. 定义零部件材料属性。零部件材料统一选择 45 号钢。

c. 添加模型夹具。在齿轮轴、输出轴与轴承装配的位置添加轴承夹具，使其只能绕着各自的轴向方向转动。

d. 施加外部载荷。轴系零部件具体的受力方向如图 4.19 所示，根据表 4.9 相关的运动与动力参数，受力数值可以由相关公式推理得出。

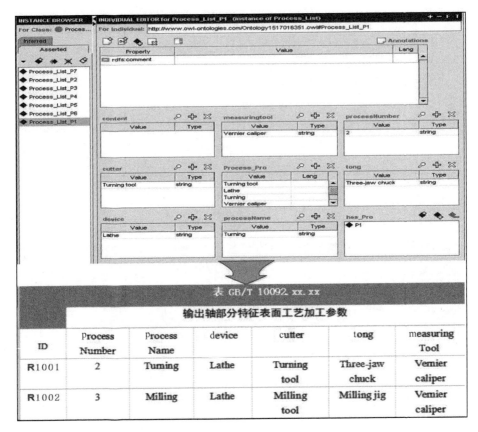

图 4.18　输出轴工艺参数推理结果

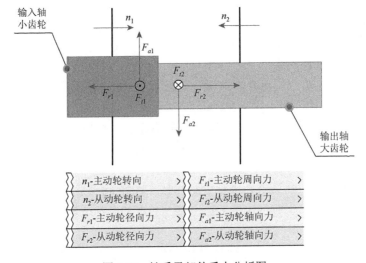

图 4.19　轴系零部件受力分析图

部分相关计算公式如下。

主动轮周向力：
$$F_{t1} = \frac{2T_{\mathrm{II}}}{D_1}$$
（4.1）

从动轮周向力：
$$F_{t2} = \frac{2T_{\mathrm{III}}}{D_2}$$
（4.2）

主动轮径向力：
$$F_{r1} = \frac{F_{t1} \tan \alpha_n}{\cos \beta}$$
（4.3）

从动轮径向力：
$$F_{r2} = \frac{F_{t2} \tan \alpha_n}{\cos \beta}$$
（4.4）

主动轮轴向力：
$$F_{a1} = F_{t1} \tan \beta \quad （斜齿轮）$$
（4.5）

从动轮轴向力：
$$F_{a2} = F_{t2} \tan \beta \quad （斜齿轮）$$
（4.6）

其中，T_{II} 与 T_{III} 分别表示输入轴与输出轴的转矩；D_1 与 D_2 分别表示主动轮与从动轮的分度圆直径；α_n、β 分别表示齿轮的啮合角与螺旋角（斜齿轮）。由于本书主要对直齿轮减速器轴系零部件进行研究，所以忽略直齿轮的轴向力只考虑周向力和径向力，将 β 置为 0。由上述公式可以计算得出 $F_{t1} = 5023\mathrm{N}$，$F_{t2} = 4872.7\mathrm{N}$，$F_{a1} = 1946.9\mathrm{N}$，$F_{a2} = 1307.1\mathrm{N}$。将这些受力视作外部载荷分别添加在图 4.19 所示的相应位置。

e. 对实体模型进行离散化，生成有限元网格模型，至此，有限元模型的前置处理阶段完成。

②运行求解阶段。

这个阶段主要由计算机处理完成有限元的计算，同时可以设置结果显示选项，本书主要检验模型的强度与刚度，所以选择了应力图与形变图。

③后置处理阶段。

通过计算机的运行求解可得出模型的应力与形变结果，如图 4.20 所示。

(a) 应力图

(b) 形变图

图 4.20　轴系传动结构的应力与形变结果

由分析结果可知，最大受力在两齿之间的啮合处，其值为 $5.951 \times 10^7 \text{Pa}$。最大的形变量在齿轮轴的轮齿处，其值为 $6.464 \times 10^{-2} \text{mm}$。如表 4.15 所示，根据有限元分析结果，构建轴系传动结构有限元检验的 OWL 断言集 ABox A_m。以 ABox A_m 中的个体作为输入，应用零部件定制知识库系统进行自动推理。

表 4.15　有限元检验约束关系 ABox

$A_m^{(7)} = \{$Part（m_2），Part（m_4），Part（m_5），Part（m_6），Part（m_7），Material（45steel），
　　　　Analysis（analysis），Verify（verify），
　　　　has-Match（m_2，45steel），has-Match（m_4，45steel），has-Match（m_6，45steel），
　　　　has-Match（m_5，45steel），has-Match（m_7，45steel），
　　　　has-FEA（Part，analysis），has-Verify（Part，verify）$\}$

如图 4.21 所示，强度与刚度检验得出的结果为 True，验证了此定制零部件模型的安全性与可靠性，同时验证了此设计方法的有效性。

（8）本次定制轴系零部件相关检验成功，可以按照计划的尺寸及以工艺生产。否则需要返回修改尺寸或材料参数，直到通过检验。

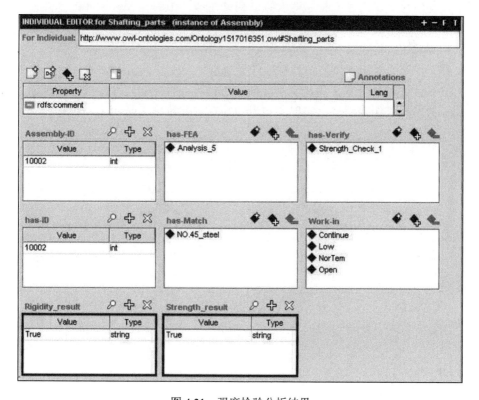

图 4.21　强度检验分析结果

4.7　本　章　小　结

　　针对目前存在的"设计知识与设计经验在 CAD 异构系统中语义不明确、互操作性不畅且不具备重复使用性"与"定制过程中不能实现相应的推理，不能保证定制模型的有效性与可靠性"两个问题，引入本体技术研究了基于本体的零部件定制设计方法，实现了零部件的尺寸、工艺及检验参数的自动推理。主要内容如下。

　　（1）构建了轴系零部件定制领域本体。获取相关领域的知识，整理归纳知识，对其进行分类。根据变型设计的知识活动层次，设计了一种自顶向下的知识传递模型。在领域知识与知识传递模型的基础上构建了轴系零部件定制的本体，同时利用描述逻辑对其进行了刻画，为零部件定制知识库的构建奠定了基础。

　　（2）提出了一种零部件定制设计方法。首先，在领域本体的基础上添加 SWRL 来描述本体语言难以描述的零部件装配关系、尺寸关系、工艺加工与模型检验等约束知识与设计经验。其次，借助 Jess 推理机构建了零部件定制知识库系统，实现了零部件尺寸、工艺及检验等参数的自动生成。最后，在知识库的基础上引入有限元分析技术提出了一种定制设计方法来实现零部件定制，并以实例验证了此方法的有效性。

　　（3）开发了基于本体的轴系零部件变型设计零部件的定制系统。运用 Java 语言中的 Swing 技术开发了用户交互界面，可将零部件定制过程推理的信息以文本或图片的形式呈现给用户，实现了知识的共享与有效传递。

第5章　装配序列规划的自动生成

5.1　概　　述

实现装配序列自动和智能的规划，首要任务是装配信息的收集、提取和结构化，因此需要对装配信息进行建模。其次需要计算机能够解释相应的信息，并且自动生成所需的信息和隐含知识，因此，需要装配信息能够实现语义表示和知识推理等智能化操作。最后在其基础上通过算法、规则等手段，得到最终的装配序列。针对装配规划的各个过程和数据表示，国内外学者提出了各自的解决方案，下面首先给出装配模型和序列生成方法的解决方案。

5.1.1　装配信息模型

装配信息的完整性和准确性直接影响装配序列生成的结果和质量，因此装配信息建模是实现装配设计和装配规划的基础。它主要对零件的几何形状、物理信息、拓扑结构和装配工艺等信息进行描述[117]。

1. 产品功能装配信息模型

一个复杂产品的设计过程通常采用自顶向下的方式逐层分解，是一个从抽象到具体的过程。首先需要定义产品的功能，然后将功能逐层分解为更小的子功能，最后使用零部件实现设计的功能模块，并且使用各连接方式关联各个模块。零件的相互组合和相互作用实现了产品对功能的需求，因此设计过程可以看作模拟装配的过程[34]。

Yasushi 等[118]基于产品功能和装配信息设计了建模方法，通过结合产品功能和装配环节的信息推导产品结构模型，并编制了 FBS Modeler 软件系统。在 FBS Modeler 建模方法的基础上，Deng 等[119]引进与环境相关联的要素信息，提出了功能环境行为结构（function environment behavior structure，FEBS）功能模型框架，取得了比较理想的效果。Qian 等[120]扩展了面向功能的信息模型，利用有向图表达产品功能、结构及映射关系和推理机制。Kopena 等[121]为了能够有效地表述产品的功能信息，提出了在面向结构定义的结构行为功能（structure behaviour function，SBF）模型的基础上结合信息流概念的方法。Zhang 等[122]建立了面向网络协同设计的功能模型，该模型通过本体表示零件的异构功能，实现了网络环境下的功能建模信息共享。

2. 产品结构装配信息模型

目前比较成熟的建模方式当属产品结构装配信息模型，这种建模方法被广泛使用在现今的计算机辅助设计软件中。产品的几何信息和物理信息是结构模型的主要描述对象，包括零部件的几何特征、零件之间的几何关联、零件之间的物理联系等。现有的商用三维及二维 CAD 软件系统，将设计阶段的产品层次结构信息模型以装配体层次结构树的形式加以描述。

Chen[123]基于自上向下的多级装配模型，实现了多层次的装配模型扩展，并且获取了详细的零件信息。在基于特征的产品结构装配信息模型的基础上，Anderl 和 Mendgen[124]发展了基于约束的特征模型。张刚等[125]和吕美玉等[126]发展了层次化特征模型。O'Grady 等[127]提出了一种面向对象的模块化设计模型，通过将产品结构设计与产品功能设计相结合，实现了模块之间信息集成和传递。Hubka 等[128]提出基于设计系统的染色体模型信息理论，该方法将产品结构和生物学上的层次结构相互结合，使产品的静态结构信息得到描述。刘振宇[129]提出在虚拟环境中面向过程的装配层次建模信息，通过映射实现了产品信息的层次关联。武殿梁等[130]提出面向过程的装配模型，该模型结合了层次结构模型与装配过程中的约束和路径模型。

3. 装配语义信息模型

领域知识通常采用自然语言、图片和表格等作为主要的信息表达方式[131]。这些自然语言形式的信息能够容易地被领域专家所理解，计算机却难以解释和理解。传统研究方案归纳总结了装配模型信息的构成、结构和表达方式，这些内容能够为人为规划装配序列提供辅助，或者通过领域专家进一步地解析成计算机能够计算和判断的数据。为了能够让计算机解释这些内容，实现装配序列规划的自动化和智能化，国内外学者开始探讨将工程信息描述为可以被解释、判断和计算的规范化结构。

Ishii[132]提出了一种分层语义网络装配信息模型，该模型表达了分层结构和各零件相互之间的关系。朱洪敏[133]在语义关联模型的基础上，将装配语义引入虚拟装配工艺规划，并且提供了解决方案。吕琳等[134]提出了一个层次语义模型，针对复杂产品的设计建模构建了设计语义、建模语义和装配语义。贾庆浩[135]设计了面向虚拟装配序列规划领域的产品工程语义模型，对装配体的属性语义模型、几何语义模型和拓扑语义模型等进行了语义表示。Kim 等[136]对装配语义做了详细的分类工作，然后采用本体技术对其进行描述并开发了原型系统。敬石开等[137]设计了装配语义模型的符号化表达方法，通过装配语义图描述装配语义信息。

5.1.2　装配序列规划方法

利用装配信息模型提供的装配约束和数据自动地生成符合现实环境与装配习惯的序列是装配序列规划最核心的目标。专家学者对装配序列规划问题进行了深入研究，当前的主流方法集中在基于优先约束关系、基于拆卸法、基于知识和基于启发式算法的装配序列规划。

1. 基于优先约束关系的装配序列规划

基于优先约束关系的装配序列规划方法主要通过规划者回答问题或者分析产品连接关联图获取零件之间的优先级关系，该关系隐含装配规则，从而规划装配序列。在零件较少的简单装配体中，该方法是一种直接有效的方法，然而在含有大量零件的复杂产品中，大量的人机交互提高了发生人为错误的概率，效率也随之急剧下降。同时，该方法过度依赖工艺人员的输入，其装配序列的质量也依赖工艺人员的知识水平。

Kokkinaki 等[138]率先提出了装配连接关联图模型和装配序列优先关系概念，通过回答一系列设计的问题获取优先关系，从而达到序列规划的目的。De Fazio 等[139]提出的方法大幅减少了问题数量，结合产品装配结构的推理得到优先关系。Chakrabarty 等[140]通过零件在沿坐标轴方向上的可拆卸性产生优先关系集。Boujault 之后的学者进行了类似的研究，并通过分析装配信息获取优先关系，减少对规划者的依赖[141]。

2. 基于拆卸法的装配序列规划

基于拆卸法的装配序列规划方法以拆卸是装配的逆过程为前提，结合基于图论的割集理论获取装配序列。该方法将装配体逐步分割得到子装配体，直到形成不可分割的零件，对其过程求逆即装配过程。该方法仍然依赖于人机交互，这对于大量零件的复杂装配体是一个难题。另外，基于图论的算法在大量零件的情况下，难以避免组合爆炸问题，零件数对时间复杂度有着指数级的影响[142]。

Baldwin 等[143]在装配关联图的基础上，提出了基于图论的割集理论。Wilson[144]从装配干涉方面考虑割集之间的可分解性，为割集分解提供了参考，缩小了解空间。顾廷权等[145]基于割集理论设计了自动生成算法并提出了评定装配序列结果的四项准则。

3. 基于知识的装配序列规划

装配规划需要大量的装配知识和经验，然而计算机无法使用未经解析和重构的装配知识。基于知识的装配序列规划方法的重点是需要对这些知识进行提取和表达，将知识转化为计算机可以解释的描述形式。工艺设计人员的知识水平直接决定了知识获取的难度和知识表达的质量，在实际使用中也难以保证装配模型和标准知识库的匹配准确率。

Tönshoff 等[146]将典型的装配知识封装成知识库并进行存储，将规划零件在标准知识库中进行匹配，最终生成装配序列。Swaminathan 等[147]总结常用装配结构和装配序列并存入数据库，将有向关联图的基本形状和数据库中的内容进行对比。李荣[148]通过构建装配知识库、结合割集理论和层次化装配模型等方法，研究提高知识库匹配效率和准确性的方法。

4. 基于启发式算法的装配序列规划

基于启发式算法的装配序列规划是避免组合爆炸的一种有效方法，因此，这些算法被广泛应用于装配领域。该方法的难点首先是局限于启发式算法的自身缺陷，为了得到合理的装配序列，需要对算法进行改进和参数调试；其次是装配知识难以综合性地嵌入算法，导致出现不符合现实装配习惯的结果。

程晖等[149]提出了基于混合算法的复杂产品装配序列规划方法，他们为了优化算法和序列结果，将蚁群算法与遗传算法相结合。Milner 等[150]为了得到装配成本最低的装配序列，提出了将模拟退火算法与网络连接图相结合的方案。Hong 等Cho[151]提出了基于神经网络算法的装配序列优化方法，将装配稳定性、装配重定向次数及装配约束作为评价指标。Lv 等[152]使用混合算法实现产品装配序列的优化，其算法将粒子群算法与蚁群算法进行结合，有效地解决了局部最优问题。

针对纯数学方法难以显式地表示装配知识和经验的语义问题，以及装配规划方法在知识共享和知识重复使用方面的需求，本书将本体技术引入装配序列规划研究中。利用 OWL 描述装配序列规划领域的装配知识，并且利用 SWRL 描述装配经验和装配约束。在本体提供的装配知识和经验的基础上，设计了装配规划算法和序列优化算法。

5.2　装配信息模型及本体表示

装配信息模型作为产品装配信息的集成中心，其组成元素、层次结构和信息传递对装配信息的提取、表示及序列生成方法有指导性作用。针对装配序列规划领域及本体技术表示装配知识和装配经验的需求，根据产品功能装配信息模型[118]、产品结构装配信息模型[153]和产品工艺装配信息模型[154]等构建方法，构建了适用于规划方法和经验知识推理的装配信息模型。

装配信息模型的内容以自然语言和符号的形式被定义描述，这些声明能够容易地被领域专家理解，但是不能被计算机解释和理解。为了使其能够直接被计算机解释，需要将其中的术语、自然语言声明等进行本体表示。因此本章在构建模型的同时，将该模型中重要术语、关系和声明定义等进行本体表示，其中术语被转化定义为概念，关系被转化定义为角色，从而构建术语公式集 TBox，并且建立装配信息的断言公式集 ABox，以描述装配体的装配信息。

　　该装配信息模型主要由子装配规划层、装配约束关系层和零件层三个层次构成，如图 5.1 所示。该模型采用自顶向下的方式，由装配体开始，通过子装配体和装配约束的解析，将装配信息和经验归结到零件层，并参与后续的序列生成计算。在图 5.1 中，Assembly 为装配体，$P_{SA,i}$ 为子装配规划集合，$A_{S,n}$ 为子装配体，$P_{m,i}$ 为零件，G_{AP}（$A_{S,n}$，$P_{m,i}$）表示由 $A_{S,n}$ 和 $P_{m,i}$ 组成的零部件组，PR、IR、SR 和 CR 分别表示零部件之间的定位关系、干涉关系、支撑关系和连接关系，S_T、S_B、S_P 为零件的装配约束、属性及拓扑和结构信息等，包括零件的种类、名称、编号、装配约束和层次信息等。

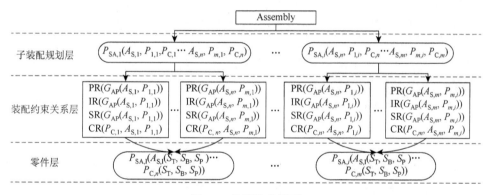

图 5.1　装配信息模型

5.2.1　装配信息模型的子装配规划层

　　子装配规划层是装配信息模型的第一层，其主要作用是根据零件的功能、结构、装配工艺等要求将装配体划分为若干子装配。由于构成复杂产品的零件众多，该层的设置旨在对大量的零件进行分层分步处理，达到在装配序列的规划阶段有效降低计算复杂度的目的，并且在装配信息获取阶段屏蔽无关零件之间装配约束的获取操作。

　　每个子装配规划集合由若干个零部件组成。在外部，子装配集合作为整体进行规划，在内部，组成子装配的成员执行规划操作。通过组合外部和内部的规划结果获得装配顺序。子装配规划集合以零部件的层次结构为依据，将组成子装配体的零件作为集合成员。层次结构信息可以从 CAD/PDM 等产品设计和管理软件中获取。同时，可通过基于功能结构树、基于连接关系稳定性和基于关键件识别等方法自动识别子装配体[155-157]。

根据上述分析，子装配规划层可以定义如下。

定义 5.2.1 设给定的装配体为 $A = \{A_{S,i}\}(i = 1, 2, \cdots, M)$，其中 $A_{S,i} \subseteq \{P_{j,i}\}(j = 1, 2, \cdots, N)$ 为子装配体，$P_{j,i}$ 为构成子装配体 $A_{S,i}$ 的第 j 个零件，则 A 的装配规划可分解为若干个子装配规划集合，每一个子装配规划由若干个 $A_{S,i}$ 和若干个 $P_{j,i}$ 组成，即子装配规划 $P_{SA} = \{A_{S,i}, P_{j,i}\}$。

将定义 5.2.1 转化为本体表示，该层的主要内容有子装配规划集合、零部件、成员关系等，将子装配规划集合、零部件定义转化为概念，将成员关系定义转化为角色，该定义转化如下。

（1）AssemblyPlanningSets 表示子装配规划集合，被定义为一个原子概念。

（2）Parts 表示零部件，被定义为如下的复杂概念：

$$Parts \equiv OrdinaryParts \sqcup Connectors$$

其中，OrdinaryParts 和 Connectors 分别表示普通零件和连接件。

（3）hasAssemblyPlanningSetMember 是概念 AssemblyPlanningSets 和概念 Parts 之间的二元关系，表示前者的成员零件为后者，它被定义为一个角色，用于表示子装配规划集合的零部件成员。

（4）hasPartsMember 是概念 Parts 和概念 Parts 之间的二元关系，表示前者的成员零件为后者，它被定义为一个角色，用于表示部件的零件成员。

因此，对于任意的装配体，其层次结构信息可根据定义 5.2.2 表示。

定义 5.2.2 （结构层次信息的本体表示）若零部件 P_i 是零件 P_j 或子装配规划集合 S_{ASPn} 的成员零件，则采用如下的断言公式集表示其成员关系信息：

$$A_m = \{Parts(P_i),\ Parts(P_j),\ hasPartsMember(P_j, P_i)\}$$
$$A_n = \{Parts(P_i),\ AssemblyPlanningSets(S_{ASPn}),$$
$$hasAssemblyPlanningSetMember(S_{ASPn}, P_i)\}$$

5.2.2 装配信息模型的装配约束关系层

装配约束关系层是装配信息模型的第二层，其主要作用是表示零部件之间的约束关系，包括定位关系、干涉关系、支撑关系和连接关系。定位关系确定了零件在装配体中的相对位置。干涉关系确保了零件的安装通道不受阻碍。支撑关系保证了在重力方向上存在支撑点。连接关系描述了零件和连接件之间的情况。满足上述基本约束关系的装配序列规划结果才能够在现实工厂环境中实现基本的产品安装步骤。

1. 定位关系

确定零件位置的过程可以看作零件在三维空间中移动和旋转被限制的过程。两个零件之间通过接触点、接触线或接触面的配合，相互影响其在三维空间中的运动。当零件的移动和旋转被接触面限制后，零件在装配体中的位置也得到确定。因此，若零件之间存在接触面，则两个零件之间的相对位置就得以确定。

零件的邻接关系能够直接反映零件之间的接触面情况。邻接关系是指若两个零件存在接触面，则两个零件是邻接的。邻接关系通过对两个零件三维模型的边界和点进行分析，确定零件是否存在接触面，并输出邻接矩阵[158, 159]。假设零件 P_1 和零件 P_2 存在接触面，则可以获取如下邻接矩阵：

$$M_{P,2\times2} = \begin{bmatrix} 0 & 1 \\ 1 & 0 \end{bmatrix}$$

其中，M_P 的行标和列标均为 P_1 和 P_2；元素"0"表示 P_1 和 P_2 不具备邻接关系；元素"1"表示 P_1 和 P_2 具备邻接关系。

根据上述分析，邻接关系可以定义如下。

定义 5.2.3　设给定的零部件组为 $G_{AP} = (A_{S,i}, A_{S,j}) \vee (A_{S,i}, P_{j,k}) \vee (P_{j,i}, P_{k,i})$，邻接关系 $S_{AR} = \{True, False\}$，True 表示具备邻接关系，False 表示不具备邻接关系。零部件之间的邻接关系是一个从 G_{AP} 到 S_{AR} 的映射 $f_{PR} : G_{AP} \rightarrow S_{AR}$。

将如上的邻接关系信息转化为本体表示，其主要包括零件组和邻接关系，该定义转化如下。

（1）PartsGroup 表示零件组，AdjacentRelation 表示邻接关系，被定义为原子概念。

（2）hasContact是概念PartsGroup和概念AdjacentRelation之间的二元关系，表示前者和后者存在接触，它被定义为角色，用于表示零件组存在邻接关系。

定义 5.2.4　（邻接关系信息的本体表示）若零件组 $PG(P_i, P_j)$ 具备邻接关系，如邻接矩阵 M_P 所示，则采用如下的断言公式集表示邻接关系信息：

$A_m = \{PartsGroup(PG(P_i, P_j)), AdjacentRelation(AR), hasContact(PG(P_i, P_j), AR)\}$

2. 干涉关系

一个行之有效的装配序列必须满足在空间位置上的几何约束，确保在装配过程中存在可行的安装通道。干涉关系能够充分描述零部件之间的几何约束关系。干涉关系描述的是两个零件是否互相阻碍对方在某个方向上的运动，由于三维空间共存在 6 种运动可能性，即 $\pm X$、$\pm Y$ 和 $\pm Z$ 方向的运动可能性。因此，零部件之间的干涉关系可以用其在各个方向上所具有的运动可能性来表示。

干涉约束可通过 CAD 软件中携带的干涉检查功能,如基于包围盒的方法[160]、运动仿真[161]等方法获取。上述方法通过三维模型的移动、拉伸和点坐标的运算等方式,最终生成描述干涉情况的干涉矩阵。假设一个简单装配体如图 5.2(a)所示,检测 $+X$ 方向上的干涉情况,则可以获取如图 5.2(b)所示的干涉矩阵。

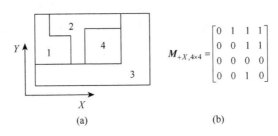

$$M_{+X,4\times4} = \begin{bmatrix} 0 & 1 & 1 & 1 \\ 0 & 0 & 1 & 1 \\ 0 & 0 & 0 & 0 \\ 0 & 0 & 1 & 0 \end{bmatrix}$$

(a)　　　　　　　　　(b)

图 5.2　简单装配体及其干涉矩阵

图 5.2 中,M_{+X} 的行标和列标均为 P_1、P_2、P_3、P_4,元素“0”表示行零件 P_i 和列零件 P_j 不存在干涉约束,元素“1”表示 P_i 和 P_j 存在干涉约束。

根据上述分析,干涉约束可以定义如下。

定义 5.2.5　设给定的零部件组为 $G_{AP} = (A_{S,i}, A_{S,j}) \vee (A_{S,i}, P_{j,k}) \vee (P_{j,i}, P_{k,i})$,被限制的运动可能性集合为 $S_{MOV} = \{MOV_1, MOV_2, MOV_3, MOV_4, MOV_5, MOV_6\}$,$MOV_1$ 表示 $+X$ 方向被限制的运动;MOV_2 表示 $-X$ 方向被限制的运动;MOV_3 表示 $+Y$ 方向被限制的运动;MOV_4 表示 $-Y$ 方向被限制的运动;MOV_5 表示 $+Z$ 方向被限制的运动;MOV_6 表示 $-Z$ 方向被限制的运动。则干涉约束是一个从 G_{AP} 到 S_{MOV} 的映射 $f_{IR}: G_{AP} \rightarrow S_{MOV}$。

将如上的干涉约束信息转化为本体表示,其主要包括零件组、干涉方向和干涉约束等,该定义转化如下。

(1)DirectionOfInterference 表示干涉的方向,被定义为如下的复杂概念:

$$\text{DirectionOfInterference} \equiv$$

$$\text{DirectionOfInterference\_plus}i \sqcup \text{DirectionOfInterference\_minus}i$$

其中,原子概念表示空间上的六个干涉方向,$i \in \{X, Y, Z\}$。

(2)hasInterference 是概念 PartsGroup 和概念 DirectionOfInterference 之间的二元关系,表示前者在后者的方向上发生干涉,它被定义为角色,用于描述零件组存在干涉约束。

定义 5.2.6　(干涉约束信息的本体表示)若零件组 $PG(P_i, P_j)$ 在某个方向上具备干涉约束,如干涉矩阵 M_{+X} 所示,则采用如下的断言公式集表示干涉约束信息,其中 i 和 m 表示空间上的六个方向:

$$A_i = \{\text{PartsGroup}(PG(P_i, P_j)), \text{DirectionOfInterference\_}i(MOV_m),$$

$$\text{hasInterference}(\text{PG}(P_i, P_j),\ \text{MOV}_m)\}$$

3. 支撑关系

为了便于三维模型的绘制和考察，计算机环境中的虚拟制造和虚拟装配在虚拟三维空间中不需要考虑重力因素。然而，在实际组装过程中，零部件不可能悬空安装，需要夹具和其他零部件的支撑，以确保在重力的作用下能够稳定安装。因此，需要在虚拟装配信息的基础上推导其重力支撑关系。

判定零件之间是否具备支撑关系，首先两个零件必须相邻，即具备邻接关系，其次在重力方向上其中一个零件处于下方，即被支撑的零件在重力方向上的安装通道被支撑零件阻碍。因此，支撑关系能够结合定位关系和干涉关系推导得到，其形式定义如下。

定义 5.2.7　设给定的零部件组为 $G_{AP} = (A_{S,i}, A_{S,j}) \vee (A_{S,i}, P_{j,k}) \vee (P_{j,i}, P_{k,i})$，支撑关系集合 $S_{SR} = \{\text{True}, \text{False}\}$，True 表示具备支撑关系，False 表示不具备支撑关系，则零部件之间的支撑关系是一个从 G_{AP} 到 S_{SR} 的映射 $f_{SR}: G_{AP} \rightarrow S_{SR}$。

由于本书的支撑关系不是通过三维模型的计算直接获取相关信息，而是在零件的邻接关系和干涉关系的基础上推理得到的，因此，支撑关系的本体表示在零件层中给出。

4. 连接关系

在复杂产品的安装过程中，稳定性是装配序列规划的重要考虑因素，其中连接件的固定和连接作用是保证装配体稳定安装的主要手段。较为普遍的连接方式包括稳定连接和接触连接。稳定连接包括可拆卸连接和不可拆卸连接，如可拆卸的螺纹连接、不可拆卸的铆钉连接等。接触连接通常以靠装的形式出现，如键连接。其形式定义如下。

定义 5.2.8　若设 P_C 为连接件，$\{P_i\} \bigcup \{A_{S,j}\}$ 为用 P_C 来连接的所有零件的集合，则连接关系是一个从 P_C 到 $\{P_i\} \bigcup \{A_{S,j}\}$ 的映射 $f_{CR}: P_C \rightarrow \{P_i\} \bigcup \{A_{S,j}\}$。

将如上的连接约束信息转化为本体表示，其中主要为连接关系，该定义转化如下。

hasConnect 是概念 Connectors 和概念 OrdinaryParts 之间的二元关系，表示前者连接后者，它被定义为角色，用于描述连接件和零件的连接关系。

定义 5.2.9　（连接信息的本体表示）若连接件 P_{Ci} 连接普通零件 P_i 和普通零件 P_j，则采用如下的断言公式集表示连接信息：

$$A_m = \{\text{Connectors}(P_{Ci}),\ \text{OrdinaryParts}(P_i),\ \text{OrdinaryParts}(P_j),$$
$$\text{hasConnect}(P_{Ci}, P_i),\ \text{hasConnect}(P_{Ci}, P_j)\}$$

5.2.3　装配信息模型的零件层

零件层是装配信息模型的第三层，其主要的作用是：首先继承上层传递的装配约束信息；其次描述零部件的几何信息、属性信息、拓扑和结构信息。该层详细描述了零件的特征，为合理高效的序列规划和计算最优序列提供详细评定依据。

装配约束信息包括定位关系集合、支撑关系集合、干涉关系集合和连接关系集合。主要的零件自身属性包括 ID、种类、产品型号、体积、尺寸、材料、加工工具、安装方法和加工工艺等，其中种类是较为重要的属性，主要包含普通零部件和连接件，不同的种类决定其零件信息的元素组成和结构。几何信息包括三维模型、包围盒数据和图形标注等。其拓扑和结构信息包括零部件的层次结构、特殊零部件的零件构成和特定的安装顺序等。

根据上述分析，该层的形式定义如下。

定义 5.2.10　设给定的零部件集合为 $\{P_i\} \bigcup \{A_{S,j}\} \bigcup \{P_{C,k}\}$ $(i=1,2,\cdots,N_1; j=1,2,\cdots,N_2; k=1,2,\cdots,N_3)$，其中 P_i 表示普通零件，$A_{S,j}$ 表示子装配体，$P_{C,k}$ 表示连接件，则零件层是一个三元组 (S_T, S_B, S_P)，其中 $S_T=\{P_i, A_{S,j}, P_{C,k}\}$ 表示零件的类型，$S_B=\{N, \text{ID}, V, M, \text{PN}, T\}$ 表示零件的基本信息，N 表示零部件名称，ID 表示零部件的编号，V 表示体积，M 表示材料，PN 表示产品型号，T 表示加工工具，$S_P=\{S_{AC}, S_{TH}\}$ 表示装配约束信息集合，其中 $S_{AC}=\{S_{PR}, S_{IR}, S_{SR}, S_{CR}\}$，$S_{PR}$ 表示定位关系集合，S_{IR} 表示各方向的干涉关系集合，S_{SR} 表示支撑关系集合，S_{CR} 表示连接关系集合，$S_{TH}=\{B, 3\text{DM}, C\}$ 表示零件的设计文档信息，B 表示包围盒，3DM 表示三维模型，C 表示图形标注。

将如上的定位关系、干涉关系和支撑关系转化为本体表示，该定义转化如下。

（1）isStandard 和 isNonStandard 是概念 PartsGroup 和概念 Parts 之间的二元关系，分别表示前者是后者的基准件和非基准件，它们被定义为角色，用于表示零件组中的基准。

（2）hasPositioningRelationSet、hasSupportRelationSet、hasInterferenceRelationSet_plus$i$、hasInterferenceRelationSet_minus$i$ 都是概念 Parts 和概念 Parts 之间的二元关系，分别表示前者影响后者的定位、前者支撑后者、前者在 $+i$ 方向干涉后者、表示前者在 $-i$ 方向干涉后者，它们被定义为角色，分别用于表示零件之间的定位关系、支撑关系和 i 正负方向上的干涉关系。

定义 5.2.11　（定位关系信息的本体表示）若普通零件 P_i 和普通零件 P_j 具备邻接关系，则采用如下的断言公式集表示定位信息：

A_m = {PartsGroup(PG(P_i, P_j)), AdjacentRelation(AR), hasContact(PG(P_i, P_j), AR),

  OrdinaryParts(P_i)， OrdinaryParts(P_j)， isStandard(PG(P_i, P_j), P_i),

  isNonStandard(PG(P_i, P_j), P_j)， hasPositioningRelationSet(P_i, P_j),

  hasPositioningRelationSet(P_j, P_i)}

定义 5.2.12 （ + X 方向上的干涉关系信息的本体表示）若普通零件 P_i 和普通
零件 P_j 在 + X 方向上具备干涉关系，则采用如下的断言公式集表示干涉信息：

A_m = {PartsGroup(PG(P_i, P_j))， DirectionOfInterference_plus$X$(MOV$_1$),

  hasInterference(PG(P_i, P_j)， MOV$_1$)， isStandard(PG(P_i, P_j), P_i),

  isNonStandard(PG(P_i, P_j), P_j)， hasInterferenceRelationSet_plus$X$(P_i, P_j),

  hasInterferenceRelationSet_minus$X$(P_j, P_i)}

定义 5.2.13 （重力方向上的干涉关系信息的本体表示）假设重力方向为–Z，
若普通零件 P_i 和普通零件 P_j 具备邻接关系，并且在重力方向上存在干涉，则采用
如下的断言公式集表示支撑信息：

A_m = {PartsGroup(PG(P_i, P_j))， DirectionOfInterference_minus$Z$(MOV$_6$),

  hasInterference(PG(P_i, P_j)， MOV$_6$)， AdjacentRelation(AR),

  hasContact(PG(P_i, P_j)， AR)， OrdinaryParts(P_i)， OrdinaryParts(P_j),

  isStandard(PG(P_i, P_j), P_i)， isNonStandard(PG(P_i, P_j), P_j),

  hasSupportRelationSet(P_i, P_j)}

A_n = {PartsGroup(PG(P_i, P_j))， DirectionOfInterference_plus$Z$(MOV$_5$),

  hasInterference(PG(P_i, P_j)， MOV$_5$)， AdjacentRelation(AR),

  hasContact(PG(P_i, P_j)， AR)， OrdinaryParts(P_i)， OrdinaryParts(P_j),

  isStandard(PG(P_i, P_j), P_i)， isNonStandard(PG(P_i, P_j), P_j),

  hasSupportRelationSet(P_j, P_i)}

总结上述定义，零件必须满足的基本安装条件如下。

定义 5.2.14 若未安装的零部件的逻辑值为 0，已安装的零部件的逻辑值为 1，
则逻辑方程具备安装条件，否则不具备安装条件。类似地，若 $E_{\text{IR}} = \bigcap\limits_{i \in [1,6]} S_{\text{IR}i} = 0$，

则具备安装条件，否则不具备安装条件，其中 $S_{\text{IR}i} = \bigcup\limits_{P_i, A_{\text{S},j}, P_{\text{C},x} \in S_{\text{IR}i}} (P_i \vee A_{\text{S},j} \vee P_{\text{C},x})$，

如果存在 $S_{\text{IR}i}$ 是空集合，则 $E_{\text{IR}} = 0$。若 $E_{\text{SR}} = \bigcup\limits_{P_i, A_{\text{S},j} \in S_{\text{SR}}} (P_i \vee A_{\text{S},j}) = 1$，$E_{\text{SR}} = \vee P_i$

$\vee A_{\text{S},j} = 1$，则具备安装条件，否则不具备安装条件，如果 S_{SR} 是空集合，则 $E_{\text{SR}} = 1$。
若 $E_{\text{CR}} = 1$，则具备安装条件，否则不具备安装条件。根据不同的安装方式，连接
逻辑方程的形式可以分为以下两种。若连接件的安装顺序为零件-零件-连接件，

则 $E_{CR1} = \bigcap\limits_{P_i, A_{S,j} \in S_{CR}} (P_i \wedge A_{S,j})$。若连接件的安装顺序为零件-连接件-零件，则 $E_{CR2} =$

$\bigcup\limits_{P_i, A_{S,j} \in S_{CR}} (P_i \wedge A_{S,j})$。

5.3　基于本体的装配序列自动生成方法

5.3.1　装配序列生成方法

装配序列生成方法以本体和 SWRL 构建的装配信息和装配经验知识的语义基础为中心，设计基于本体的装配序列自动生成方法。产品制造以产品设计为开端，并且随着设计阶段数字化和信息化的深入，各类辅助设计系统和产品管理系统成为装配信息的主要来源。因此，本方法首先从这些数据中心中提取装配信息并加工为适合本体的数据结构，然后本体结合规则推理进一步得到装配约束，最后通过生成算法得到装配序列。该方法的具体功能模块如下，装配序列的自动生成方法如图 5.3 所示。

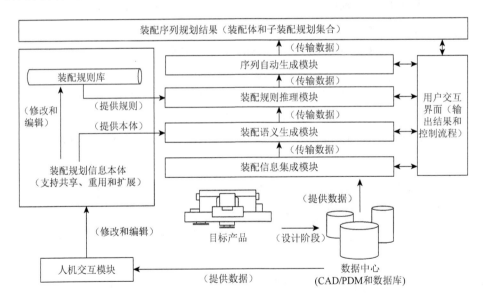

图 5.3　装配序列自动生成方法

（1）装配规划信息本体。本体对装配知识做出了形式化的定义，序列生成方法中的所有装配知识由本体进行表达和存储。

（2）装配规则库。该模块存储由专家制定的装配规则。规则根据装配经验和装配规划信息本体创建，并以 SWRL/SQWRL 表示。

（3）装配信息集成模块。该模块从 CAD/PDM 和数据库等数据源中获取三维模型文件、设计文档、事物特性表等数据。通过软件的功能模块或专家方法从这些文件中解析或提取装配约束、层次结构和零件属性等。

（4）装配语义生成模块。该模块为需要构建的装配规划信息本体提供语义基础，将获取的装配信息映射到本体表示的语义模型中，并对本体进行实例化。

（5）装配规则推理模块。该模块需要本体和规则的支持，将根据装配知识和经验编写的规则导入推理机，按步骤执行规则。

（6）序列自动生成模块。该模块首先将装配信息从本体文件中提取出来，其次根据生成算法的要求重构信息，最后执行装配序列生成算法。其算法包括获取全部可行序列的遍历思想算法及获取最优解算法，如遗传算法、蚁群算法和粒子群算法等。

5.3.2 装配信息的本体构建

当前，构建本体的方法多种多样，本书采用七步法构建本体，有十分详细的文档作为参考，而且构建出来的本体可以应用到多个域。下面就采用七步法来构建装配信息本体，构建的具体步骤如下。

（1）确定本体的应用领域。针对装配序列规划的事例，构建装配信息的本体，有助于装配序列规划信息的表示和自动推理，该应用领域属于装配序列规划领域。

（2）考虑重复使用现有的本体。目前，装配序列规划领域有孟瑜等[162]、乔立红等[163]等提出的本体可供考虑，没有合适本书需求的现有本体可以重复使用。

（3）列出应用领域中的重要术语。根据装配信息模型和装配序列规划的需求，可列各方向的干涉关系集合、零件、连接件和子装配规划集合等[164]。

（4）定义类及类与类之间的层次关系。根据装配信息模型将一元关系的术语定义为类并且定义类与类之间的层次关系。表示装配信息的本体中所有类及它们之间的层次关系如图 5.4（a）所示。

其中主要的类包括：零件类 Parts，子类普通功能零件类 OrdinaryParts 和连接件类 Connectors；零部件组合类 PartsGroup；装配规划集合类 AssemblyPlanningSets；干涉类 DirectionOfInterference，六个方向上干涉的子类 DirectionOfInterference_plus$i$ 和 DirectionOfInterference_minus$i$（$i \in \{X, Y, Z\}$）；邻接关系类 AdjacentRelation；连接类 Connection，子类连接方法类 ConnectionMethod 和连接类型类 ConnectionTypes，其中类 ConnectionMethod 包含子类零件-零件-连接件模式类 PPCMethod 和零件-连接件-零件模式类 PCPMethod，类 ConnectionTypes 包含各项连接类型的子类，如键连接类 KeyToConnect；特殊零件类 SpecialParts，其子类包含各项有特殊或固定安装顺序的零件，如类螺母 Nut、类螺钉 Screw、类垫片 Shim；

加工工具类 ProcessingTools，其子类包含各类工具，如螺丝刀类 Screwdriver。其他类根据需求进行扩展或对接其他本体。

（5）定义属性。表示二元关系的术语均可定义为属性，如表 5.1 和图 5.4（b）所示。

①Data Property 1～7 表示零部件的数据属性。主要包括编号 ID、名字 Name、产品型号 ProductTypeNumber、材料 Material 和包围盒 BoundingBox 等。

②Object Property 8～11 描述零部件组合的基准零件，以及零部件和装配规划集合的层次关系。Property 8、9 描述零部件的基准零件，其中 isStandard 表示该零件作为基准件，Property 10、11 表示子装配体和装配规划集合包含的成员。

③Object Property 12～14 表示零件之间的装配约束关系。装配关系包括零部件具有邻接关系 hasContact、具有干涉关系 hasInterference 和具有连接关系 hasConnect。

④Object Property 15～20 用于描述固化的零件和连接知识，以及特殊的零部件安装顺序。表示连接件具有的连接类型 hasConnectionTypes 和连接方法 hasConnectionMethod，表示零件属于特殊零件类型 isTypeOfParts 和使用的安装工具 hasProcessingTool，表示安装该零件之前需要安装的零件 hasInstallBefore 及之后需要安装的零件 hasInstallAfter。

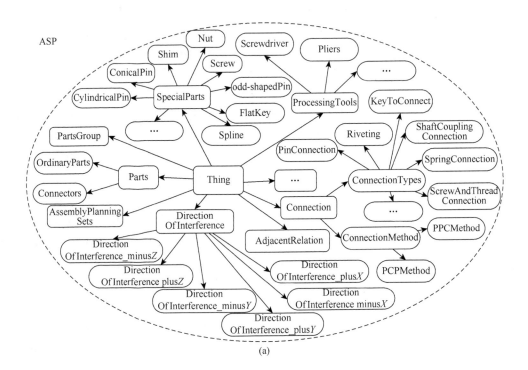

(a)

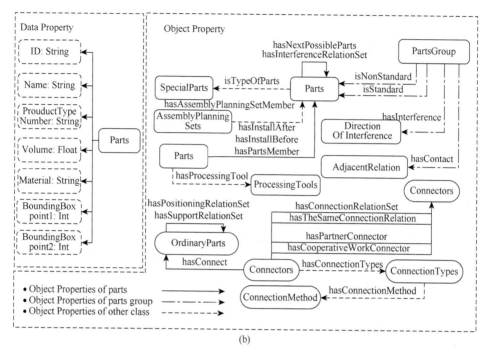

(b)

图 5.4　装配序列规划本体

ASP 为装配序列规划（assembly sequence plan）

⑤Object Property 21～23 用于描述连接件之间的装配约束情况，以及连接件并行安装是否可行的情况。hasTheSameConnectionRelation 表示两个连接件含有相同的连接关系，hasPartnerConnector 表示连接件具有相同的种类和作用可作为连接件组安装，hasCooperativeWorkConnector 表示连接件具有相同的功能作用可并行安装。

⑥Object Property 24～28 用于描述零部件装配约束的结果集，这些零件集合是判定序列是否可行的主要依据，包括干涉、定位等结果。hasNextPossibleParts、hasPositioningRelationSet 和 hasSupportRelationSet 表示下一个可能安装的零部件、定位关系集合和支撑关系集合，hasConnectionRelationSet 表示连接关系，包含两个子属性，表示两种不同连接关系集合，hasInterferenceRelationSet 表示干涉关系集合，含有 6 个子属性，表示 6 个方向上的干涉集合。

（6）定义公理和规则，包括类性质公理、属性性质公理、属性的定义域和值域及推理规则。根据装配序列规划的需求，在 5.3.3 节中制定了 SWRL 规则，对属性的定义域和值域进行限定，如表 5.1 和图 5.4（b）所示。

（7）创建类的实例。需要根据实际的应用需求，为给定的工程实例创建类的实例。如零件组合，需要根据给定零件和它们的层次结构对相互之间的组合进行实例化。

至此，装配规划规划信息本体已构建完毕。该本体和装配信息模型描述一致，由三部分组成。第一部分描述子装配规划集合和零件之间的层次关系；第二部分描述零件之间的装配约束信息，如连接关系、干涉关系等；第三部分描述零件，包括编号、安装工具、包围盒等。

表 5.1　装配序列规划本体属性表

ID	数据属性	定义域	值域
1	ID	Parts	String
2	Name	Parts	String
3	ProductTypeNumber	Parts	String
4	Volume	Parts	Float
5	Material	Parts	String
6	BoundingBox_point1	Parts	Int
7	BoundingBox_point2	Parts	Int
ID	对象属性	定义域	值域
8	isStandard	PartsGroup	Parts
9	isNonStandard	PartsGroup	Parts
10	hasPartsMember	Parts	Parts
11	hasAssemblyPlanningSetMember	AssemblyPlanningSets	Parts
12	hasInterference	PartsGroup	DirectionOfInterference
13	hasContact	PartsGroup	AdjacentRelation
14	hasConnect	Connectors	OrdinaryParts
15	hasConnectionTypes	Connectors	ConnectionTypes
16	hasConnectionMethod	ConnectionTypes	ConnectionMethod
17	isTypeOfParts	Parts	SpecialParts
18	hasProcessingTool	Parts	ProcessingTools
19	hasInstallBefore	Parts	Parts
20	hasInstallAfter	Parts	Parts
21	hasTheSameConnectionRelation	Connectors	Connectors
22	hasPartnerConnector	Connectors	Connectors
23	hasCooperativeWorkConnector	Connectors	Connectors
24	hasNextPossibleParts	Parts	Parts
25	hasPositioningRelationSet	OrdinaryParts	OrdinaryParts
26	hasSupportRelationSet	OrdinaryParts	OrdinaryParts
27	hasConnectionRelationSet	Connectors	OrdinaryParts
28	hasInterferenceRelationSet	Parts	Parts

5.3.3　装配信息的生成规则

本体支持推理，但是没有提供用于推理的规则，很难表达类和属性之间的关系。单纯的构建类和属性还不能够完整地描述和推理装配知识，还需要设计规则来支撑推理。本书使用网络本体语言来描述本体，该语言有很强的表述能力并且具有可判定性，但不能表示约束化的规则知识。因此，在 5.3.2 节的基础上结合语义网规则语言表达装配规则，实现装配信息之间的推理。

根据装配序列生成的需求，设计和定义了相应的推理规则，并且为了处理推理结果之间的衔接和推理结果的有效性、合理性，设计了装配规则的执行流程，并为装配序列生成算法提供了合理的数据组织形式。

1）定位关系的生成规则

定位的目的是确定零件在装配体中的正确位置。邻接关系能够比较直观地反映零件和其他零件的位置关系。由于邻接关系具有对称性，只获取零件组 PartsGroup (A, B) 的邻接关系。定位关系通过如下规则获取。

规则 5.3.1　一个零件组合由普通零件 A 和普通零件 B 组成。如果 A 和 B 存在邻接关系，则 A 影响 B 在装配体中的位置信息。同样地，B 也影响 A 在装配体中的位置信息。

规则 5.3.2　一个零件组合由零件 A 和零件 B 组成并且属于子装配规划集合。如果 A 和 B 存在邻接关系，则 B 可能是下一个被安装的零件，在 A 安装完成之后。同理，A 可能是下一个被安装的零件，在 B 安装完成之后。

规则 5.3.1 和 5.3.2 的 SWRL 规则如表 5.2 的 S01-01～S07-01 所示。

2）干涉关系的生成规则

零件的干涉关系集合描述了零件在六个方向上的安装通道是否被堵塞。在生成干涉关系集合之前，首先需要获取零件组 PartsGroup (A, B) 的干涉矩阵，PartsGroup (B, A) 可由推理获取，其次根据各方向上的干涉矩阵提取干涉关系集合。通过如下规则获取。

规则 5.3.3　零件组合由基准零件 A 和非基准零件 B 组成。如果 A 和 B 在 i 方向上存在干涉关系，则 A 在 i 方向上的安装通道被 B 阻碍。同理，B 在 i 的反方向 j 上的安装通道被 A 阻碍（若 i 是 $+X$ 方向，则 j 是 $-X$ 方向）。

规则 5.3.3 的 SWRL 规则如表 5.2 的 S02-01～S02-06 所示。

3）支撑关系的生成规则

支撑关系描述了当零件安装时是否存在重力方向上的支撑点。首先，构成支撑关系需要零件之间接触，其次在重力方向上零件具有支撑的作用。接触可以通过邻接关系确定，重力方向上的干涉情况可以描述支撑情况。因此，支撑关系由重力方向上的干涉关系和邻接关系推断。通过如下规则获取。

规则 5.3.4　零件组合由基准零件 A 和非基准零件 B 组成。如果 A 和 B 具有邻接关系并且在重力方向上具有干涉关系，则 B 是 A 的一个支撑点。同理，与重力相反的方向上，A 是零件 B 的一个支撑点。

规则 5.3.4 的 SWRL 规则如表 5.2 的 S03-01 和 S03-02 所示，本书以 $-Z$ 方向作为重力方向编写规则。

4）连接关系的生成规则

连接件对零件起到了固定和关联的作用，是装配体不可缺少的一部分。正确的连接件安装顺序能够提高安装过程中的稳定性和可行性。然而，连接件种类多样，并且有特定的安装要求，因此需要描述连接件的安装方式，以确保合理的安装顺序。本书根据不同类型的连接件获取不同安装方式的连接关系集合。通过如下规则获取。

规则 5.3.5　连接件 C 连接零件 A 和零件 B。若 C 属于某种连接种类，而该连接类型的安装顺序为零件-连接件-零件，则连接件 C 是 PCPMethod 模式的连接方式，添加到相应的连接关系集合中。同理，若安装顺序为零件-零件-连接件，则连接件 C 是 PPCMethod 模式的连接方式，并添加到相应的连接关系集合中。

规则 5.3.6　假设连接件 C 和连接件 D 属于同一类型和型号的产品，并且具有相同的连接关系，则它们在装配体中具有同样的功能作用，因此，应该作为一个连接件组合被同时安装。

规则 5.3.7　假设在子装配集合中的连接件 C 和连接件 D 具有相同的连接关系，则它们在装配过程中对相同的零件进行固定，因此 C 和 D 应当被并行安装。

规则 5.3.7 的 SWRL 规则如表 5.2 的 S04-01～S05-02 所示。

表 5.2　装配信息生成的 SWRL 规则

ID	装配信息的 SWRL 规则表示
S01-01	PartsGroup（?x）^AdjacentRelation（?y）^hasContact（?x，?y）^isStandard（?x，?c）^ isNonStandard（?x，?d）^OrdinaryParts（?c）^OrdinaryParts（?d）-> hasPositioningRelationSet（?c，?d）^hasPositioningRelationSet（?d，?c）
S02-01	PartsGroup（?x）^DirectionOfInterference_plusX（?y）^hasInterference（?x，?y）^ isStandard（?x，?a）^isNonStandard（?x，?b）->hasInterferenceRelationSet_plusX（?a，?b）^ hasInterferenceRelationSet_minusX（?b，?a）
S02-02	PartsGroup（?x）^DirectionOfInterference_minusX（?y）^hasInterference（?x，?y）^ isStandard（?x，?a）^isNonStandard（?x，?b）->hasInterferenceRelationSet_minusX（?a，?b）^ hasInterferenceRelationSet_plusX（?b，?a）
S02-03	PartsGroup（?x）^DirectionOfInterference_plusY（?y）^hasInterference（?x，?y）^ isStandard（?x，?a）^isNonStandard（?x，?b）->hasInterferenceRelationSet_plusY（?a，?b）^ hasInterferenceRelationSet_minusY（?b，?a）

ID	装配信息的 SWRL 规则表示
S02-04	PartsGroup（?x）^DirectionOfInterference_minusY（?y）^hasInterference（?x, ?y）^ isStandard（?x, ?a）^isNonStandard（?x, ?b）->hasInterferenceRelationSet_minusY（?a, ?b）^ hasInterferenceRelationSet_plusY（?b, ?a）
S02-05	PartsGroup（?x）^DirectionOfInterference_plusZ（?y）^hasInterference（?x, ?y）^ isStandard（?x, ?a）^isNonStandard（?x, ?b）->hasInterferenceRelationSet_plusZ（?a, ?b）^ hasInterferenceRelationSet_minusZ（?b, ?a）
S02-06	PartsGroup（?x）^DirectionOfInterference_minusZ（?y）^hasInterference（?x, ?y）^ isStandard（?x, ?a）^isNonStandard（?x, ?b）->hasInterferenceRelationSet_minusZ（?a, ?b）^ hasInterferenceRelationSet_plusZ（?b, ?a）
S03-01	PartsGroup（?x）^DirectionOfInterference_minusZ（?y）^hasInterference（?x, ?y）^ AdjacentRelation（?z）^hasContact（?x, ?z）^isStandard（?x, ?a）^isNonStandard（?x, ?b）^ OrdinaryParts（?a）^OrdinaryParts（?b）->hasSupportRelationSet（?a, ?b）
S03-02	PartsGroup（?x）^DirectionOfInterference_plusZ（?y）^hasInterference（?x, ?y）^ AdjacentRelation（?z）^hasContact（?x, ?z）^isStandard（?x, ?a）^isNonStandard（?x, ?b）^ OrdinaryParts（?a）^OrdinaryParts（?b）->hasSupportRelationSet（?b, ?a）
S04-01	Connectors（?x）^hasConnect（?x, ?y）^hasConnectionTypes（?x, ?a）^ PCPMethod（?z）^hasConnectionMethod（?a, ?z）->hasConnectionSet_PCP（?x, ?y）
S04-02	Connectors（?x）^hasConnect（?x, ?y）^hasConnectionTypes（?x, ?a）^ PPCMethod（?z）^hasConnectionMethod（?a, ?z）->hasConnectionSet_PPC（?x, ?y）
S05-01	Connectors（?x）^Connectors（?y）^hasTheSameConnectionRelation（?x, ?y）^ ProductTypeNumber（?x, ?a）^ProductTypeNumber（?y, ?b）^sameAs（?a, ?b）-> hasPartnerConnector（?x, ?y）^hasPartnerConnector（?y, ?x）
S05-02	AssemblyPlanningSets（?o）^hasAssemblyPlanningSetMember（?o, ?x）^ hasAssemblyPlanningSetMember（?o, ?y）^hasTheSameConnectionRelation（?x, ?y）-> hasCooperativeWorkConnector（?x, ?y）^hasCooperativeWorkConnector（?y, ?x）
S06-01	Parts（?x）^Parts（?y）^hasContact（?x, ?y）^Screw（?a）^Shim（?b）^ isTypeOfParts（?x, ?a）^isTypeOfParts（?y, ?b）->hasInstallBefore（?x, ?y）^hasInstallAfter（?y, ?x）
S06-02	Parts（?x）^Parts（?y）^hasContact（?x, ?y）^Nut（?a）^Shim（?b）^isTypeOfParts（?x, ?a）^ isTypeOfParts（?y, ?b）->hasInstallBefore（?x, ?y）^hasInstallAfter（?y, ?x）
S06-03	Parts（?x）^Parts（?y）^hasContact（?x, ?y）^Nut（?a）^Screw（?b）^isTypeOfParts（?x, ?a）^ isTypeOfParts（?y, ?b）->hasInstallBefore（?x, ?y）^hasInstallAfter（?y, ?x）
S07-01	PartsGroup（?z）^AdjacentRelation（?y）^hasContact（?z, ?y）^isStandard（?z, ?c）^ isNonStandard（?z, ?d）^AssemblyPlanningSets（?o）^ hasAssemblyPlanningSetMember（?o, ?c）^hasAssemblyPlanningSetMember（?o, ?d）-> hasNextPossibleParts（?c, ?d）^hasNextPossibleParts（?d, ?c）

5）特殊顺序的生成规则

在机械产品的安装过程中，存在大量固定的安装顺序。这些顺序因为装配工艺的要求或者长期积累的经验被固定下来。将这些零件组成一个部件，在外部进行参与算法的计算，在内部通过规则的推理得到其固定的安装顺序。

规则 5.3.8　假设零件 A（A 是螺钉）、零件 B（B 是螺母）和零件 C（C 是垫片），若它们存在邻接关系，则螺钉在螺母之前安装，垫片在螺母和螺钉之前安装。

　　规则 5.3.8 的 SWRL 规则如表 5.2 的 S06-01～S07-01 所示，根据实例的需求以螺纹连接为示例编写规则。

　　以上设计了装配序列推理规则，为了保证推理规则之间的衔接和推理结果的有效更新，设计了装配规则的执行流程。为了给装配序列生成算法提供合理的数据组织形式，设计了信息提取后 Java 类的组织形式，装配信息推理流程及提取结果如图 5.5 所示。

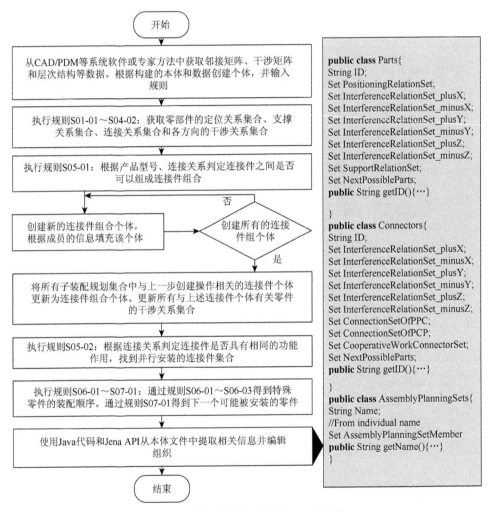

图 5.5　装配信息推理流程及提取结果

5.3.4　装配序列的自动生成算法

　　本节设计的装配序列生成算法旨在产生所有可行的装配序列。得益于装配规划信息本体的装配经验表示和推理，提供了更多的装配约束和更少的需要被计算的零件，能够在遍历过程中去除不合理的装配序列，降低复杂度。其算法复杂度计算方法如下：假设装配体 A 有 n 个零件，有 m 个子装配集合，子装配集合最多有 N 个零件，则单次局部规划的时间复杂度为 $O(N^3)$，全局规划的时间复杂度为 $O(m(n/m)^3)$。装配序列生成算法的步骤如下，其算法流程图如图 5.6 所示。

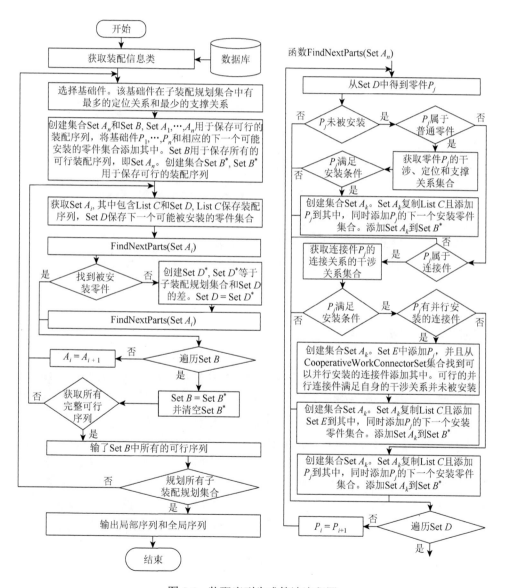

图 5.6　装配序列生成算法流程图

（1）选择基础件。遍历子装配规划集合，将定位关系集合中元素个数最多且支撑关系集合中元素个数最少的零件作为基础件。设可行的序列集合为 $B = \{A_1, A_2, \cdots, A_n\}$，$n$ 为基础件的个数，将基础件 P_i 加入集合 A_n，集合 A_n 表示可行序列的零件集合，设置可行的序列集合 $B^* = \{\Phi\}$。

（2）取集合 B 中的有序集合 A_i，并获取最后一个元素的下一个可能安装的零件集合 D。获取集合 D 中的零件 P_j，若零件 P_j 未被安装，则进入步骤（3）的判定阶段。若 P_j 可行，则在 B^* 中增加集合 A_k，A_k 复制 A_i 的队列 C 并添加符合条件的零件。直到集合 D 中所有零件 P_j 都判断完毕，若找到至少一个可行零件 P_j，则进入步骤（4）。若未找到可行的零件，则将集合 D 替换为未被遍历的零件集合 D^*，即执行子装配规划集合和集合 D 的差操作，并遍历集合 D^* 重复上述计算可行零件的操作，最后进入步骤（4）。

（3）当零件 P_j 属于普通零件时，需要满足 $E_{PR}(P_j)$、$E_{IR}(P_j)$ 和 $E_{SR}(P_j)$。当零件 P_j 属于连接件时，需要满足 $E_{CR}(P_j)$ 和 $E_{IR}(P_j)$，若满足条件，则判断该连接件的并行安装连接件集合是否含有元素，若不为空集，则遍历集合中的每一个元素判定是否满足 $E_{IR}(P_j)$。

（4）若未遍历和判断集合 B 中所有 A_i 集合，则进入步骤（2）获取下一个 A_{i+1}。否则使用集合 B^* 覆盖集合 B，并判断 B 中所有集合 A_n 的元素个数是否和该组零件的个数相等，是则输出 B 并进入步骤（5），否则将 B 输入步骤（2）。

（5）若已规划所有子装配规划集合，则将局部排序结果进行组合，输出全局结果，否则进入步骤（1）。

5.3.5　实例研究

本节以齿轮减速器为例验证上述方法在生成装配序列方面的有效性。齿轮减速器如图 5.7 所示，P_1 为箱盖，P_2 为视孔盖，P_3 为通气器，P_4 为螺塞，P_5 为箱座，P_6 为输出轴盖组（无孔），P_7 为输出轴盖组（有孔），P_8 为输入轴盖组（无孔），P_9 为输入轴盖组（有孔），P_{10} 为输出轴承 I，P_{11} 为输出轴承 II，P_{12} 为输出轴，P_{13} 为齿轮，P_{14} 为输入轴，P_{15} 为输入轴承 I，P_{16} 为输入轴承 II，$P_{A,1}$ 为套筒，$P_{A,2}$ 为挡油环 I，$P_{A,3}$ 为挡油环 II，$P_{A,4}$ 为调整环 I，$P_{A,5}$ 为调整环 II，$P_{C,11}$～$P_{C,16}$ 为盖座螺纹组合，每个盖座螺纹组合包含螺钉、螺母和垫片，盖座螺钉的标号为 $P_{C,111}$～$P_{C,1i1}(i = 1, 2, \cdots, 6)$，盖座螺母的称号为 $P_{C,112}$～$P_{C,1i2}(i = 1, 2, \cdots, 6)$，盖座垫片的标号为 $P_{C,113}$～$P_{C,1i3}(i = 1, 2, \cdots, 6)$，$P_{C,21}$～$P_{C,24}$ 为视孔盖螺钉，$P_{C,31}$～$P_{C,33}$ 为通气器螺钉，$P_{C,4}$ 为键，$P_{C,51}$ 和 $P_{C,52}$ 为插销。

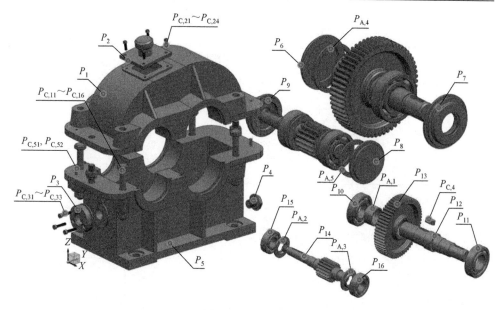

图 5.7　齿轮减速器

（1）获取装配信息。从设计文档、CAD/PDM 和专家方法中获取装配信息。本书从 CAD 软件产生的装配文件中提取装配树，根据装配树的节点关系提取出装配体的层次结构，其装配树含有五个父节点，总装配体 $A_{S,0}$、箱盖部件 $A_{S,1}$、箱座部件 $A_{S,2}$、输出部件 $A_{S,3}$、输入部件 $A_{S,4}$。得到初始的子装配规划集合 $S_{SAP,1} = \{P_{C,11}, P_{C,12}, P_{C,13}, P_{C,14}, P_{C,15}, P_{C,16}, P_{C,51}, P_{C,52}, A_{S,1}, A_{S,2}, A_{S,3}, A_{S,4}\}$；$S_{SAP,2} = \{P_{C,21}, P_{C,22}, P_{C,23}, P_{C,24}, P_1, P_2\}$；$S_{SAP,3} = \{P_{C,31}, P_{C,32}, P_{C,33}, P_3, P_4, P_5\}$；$S_{SAP,4} = \{P_6, P_7, P_{10}, P_{11}, P_{12}, P_{13}, P_{C,4}, P_{A,1}, P_{A,4}\}$；$S_{SAP,5} = \{P_8, P_9, P_{14}, P_{15}, P_{16}, P_{A,2}, P_{A,3}, P_{A,5}\}$。其中以子装配集合 $S_{SAP,1}$ 的部分数据为例，可抽取到如表 5.3 所示的装配约束数据。

表 5.3　$S_{SAP,1}$ 成员的装配信息表

零件组	邻接关系	X 轴正向干涉关系	X 轴负向干涉关系	Y 轴正向干涉关系	Y 轴负向干涉关系	Z 轴正向干涉关系	Z 轴负向干涉关系
$(A_{S,1}, A_{S,2})$	Y						Y
$(A_{S,1}, A_{S,3})$	Y	Y	Y	Y	Y		Y
$(A_{S,1}, A_{S,4})$	Y	Y	Y	Y	Y		Y
$(A_{S,2}, A_{S,3})$	Y	Y	Y	Y	Y	Y	
$(A_{S,2}, A_{S,4})$	Y	Y	Y	Y	Y	Y	

续表

零件组	邻接关系	X轴正向干涉关系	X轴负向干涉关系	Y轴正向干涉关系	Y轴负向干涉关系	Z轴正向干涉关系	Z轴负向干涉关系
$(A_{S,3},\ A_{S,4})$	Y	Y	Y		Y		
$(P_{C,51},\ A_{S,1})$	Y	Y	Y	Y	Y		Y
$(P_{C,51},\ A_{S,2})$	Y	Y	Y	Y	Y		Y
$(P_{C,51},\ A_{S,3})$				Y	Y		
$(P_{C,51},\ A_{S,4})$				Y	Y		
$(P_{C,11},\ A_{S,1})$	Y	Y	Y	Y	Y		Y
$(P_{C,11},\ A_{S,2})$	Y	Y	Y	Y	Y		
$(P_{C,15},\ A_{S,1})$	Y	Y	Y	Y	Y	Y	
$(P_{C,15},\ A_{S,2})$	Y	Y	Y	Y	Y	Y	
$(P_{C,15},\ P_{C,51})$		Y					

连接件		连接关系	连接类型
$P_{C,11},\ P_{C,12},\ P_{C,13},\ P_{C,14},\ P_{C,15},\ P_{C,16}$		$A_{S,1},\ A_{S,2}$	Screw and thread connection
$P_{C,51},\ P_{C,52}$		$A_{S,1},\ A_{S,2}$	Pin connection

注：Y 表示零件组具有该装配关系。

（2）实例化本体及知识推理。首先根据提取的装配信息实例化装配规划信息本体，其次根据提出的推理过程执行规则。使用 Jena API 编辑 OWL 文件，实例化装配规划信息本体，Protégé 软件可执行本体的构建、实例化、推理和可视化等功能。减速器实例信息的推理和提取过程如图 5.8 所示，最终得到用于计算装配序列的子装配规划集合和干涉关系、支撑关系和定位关系等。子装配规划集合输出为 $S_{SAP,1} = \{P_{C,1\_1},\ P_{C,1\_2},\ P_{C,5},\ A_{S,1},\ A_{S,2},\ A_{S,3},\ A_{S,4}\}$；$S_{SAP,2} = \{P_{C,2},\ P_1,\ P_2\}$；$S_{SAP,3} = \{P_{C,3},\ P_3,\ P_4,\ P_5\}$；$S_{SAP,4} = \{P_6,\ P_7,\ P_{10},\ P_{11},\ P_{12},\ P_{13},\ P_{C,4},\ P_{A,1},\ P_{A,4}\}$；$S_{SAP,5} = \{P_8,\ P_9,\ P_{14},\ P_{15},\ P_{16},\ P_{A,2},\ P_{A,3},\ P_{A,5}\}$。

（3）生成装配序列。在 Java 开发环境中执行提出的装配序列自动生成算法，可生成如表 5.4 所示的装配序列。其中通过组合生成 $2\times1\times2\times2\times2 = 16$ 种不同的全局装配序列，表中列出其中 2 种。

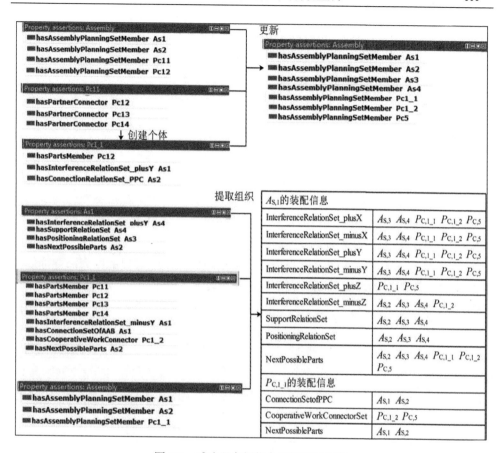

图 5.8　减速器实例信息的推理和提取

表 5.4　生成的局部和全局装配序列

子装配规划	装配序列数	局部装配序列
$S_{\mathrm{SAP},1}$	2	$A_{\mathrm{S},2} \to A_{\mathrm{S},4} \to A_{\mathrm{S},3} \to A_{\mathrm{S},1} \to P_{\mathrm{C},1\_1} \to P_{\mathrm{C},1\_2} \to P_{\mathrm{C},5}$； $A_{\mathrm{S},2} \to A_{\mathrm{S},3} \to A_{\mathrm{S},4} \to A_{\mathrm{S},1} \to P_{\mathrm{C},1\_1} \to P_{\mathrm{C},1\_2} \to P_{\mathrm{C},5}$
$S_{\mathrm{SAP},2}$	1	$P_1 \to P_2 \to P_{\mathrm{C},2}$
$S_{\mathrm{SAP},3}$	2	$P_5 \to P_4 \to P_3 \to P_{\mathrm{C},3}$；$P_5 \to P_3 \to P_{\mathrm{C},3} \to P_4$
$S_{\mathrm{SAP},4}$	2	$P_{12} \to P_{\mathrm{C},4} \to P_{13} \to P_{\mathrm{A},1} \to P_{10} \to P_{\mathrm{A},4} \to P_6 \to P_{11} \to P_7$； $P_{12} \to P_{11} \to P_7 \to P_{\mathrm{C},4} \to P_{13} \to P_{\mathrm{A},1} \to P_{10} \to P_{\mathrm{A},4} \to P_6$
$S_{\mathrm{SAP},5}$	2	$P_{14} \to P_{\mathrm{A},2} \to P_{15} \to P_9 \to P_{\mathrm{A},3} \to P_{16} \to P_{\mathrm{A},5} \to P_8$； $P_{14} \to P_{\mathrm{A},3} \to P_{16} \to P_{\mathrm{A},5} \to P_8 \to P_{\mathrm{A},2} \to P_{15} \to P_9$
ID		全局装配序列
1		$P_5 \to P_4 \to P_3 \to (P_{\mathrm{C},31}, P_{\mathrm{C},32}, P_{\mathrm{C},33}) \to P_{12} \to P_{\mathrm{C},4} \to P_{13} \to P_{\mathrm{A},1} \to P_{10} \to P_{\mathrm{A},4} \to P_6 \to P_{11} \to P_7 \to P_{14} \to P_{\mathrm{A},2} \to P_{15} \to P_9 \to$ $P_{\mathrm{A},3} \to P_{16} \to P_{\mathrm{A},5} \to P_8 \to P_1 \to P_2 \to (P_{\mathrm{C},21}, P_{\mathrm{C},22}, P_{\mathrm{C},23}, P_{\mathrm{C},24}) \to (P_{\mathrm{C},111} \to P_{\mathrm{C},113} \to P_{\mathrm{C},112}, P_{\mathrm{C},121} \to P_{\mathrm{C},123} \to P_{\mathrm{C},122},$ $P_{\mathrm{C},131} \to P_{\mathrm{C},133} \to P_{\mathrm{C},132}, P_{\mathrm{C},141} \to P_{\mathrm{C},143} \to P_{\mathrm{C},142}) \to (P_{\mathrm{C},151} \to P_{\mathrm{C},153} \to P_{\mathrm{C},152}, P_{\mathrm{C},161} \to P_{\mathrm{C},163} \to P_{\mathrm{C},162}) \to (P_{\mathrm{C},51}, P_{\mathrm{C},52})$

ID	全局装配序列
2	$P_5{\rightarrow}P_4{\rightarrow}P_3{\rightarrow}(P_{C,31},\ P_{C,32},\ P_{C,33}){\rightarrow}P_{12}{\rightarrow}P_{11}{\rightarrow}P_7{\rightarrow}P_{C,4}{\rightarrow}P_{13}{\rightarrow}P_{A,1}{\rightarrow}P_{10}{\rightarrow}P_{A,4}{\rightarrow}P_6{\rightarrow}P_{14}{\rightarrow}P_{A,3}{\rightarrow}P_{16}{\rightarrow}$ $P_{A,5}{\rightarrow}P_8{\rightarrow}P_{A,2}{\rightarrow}P_{15}{\rightarrow}P_9{\rightarrow}P_1{\rightarrow}P_2{\rightarrow}(P_{C,21},\ P_{C,22},\ P_{C,23},\ P_{C,24}){\rightarrow}(P_{C,111}{\rightarrow}P_{C,113}{\rightarrow}P_{C,112},\ P_{C,121}{\rightarrow}P_{C,123}{\rightarrow}$ $P_{C,122},P_{C,131}{\rightarrow}P_{C,133}{\rightarrow}P_{C,132},\ P_{C,141}{\rightarrow}P_{C,143}{\rightarrow}P_{C,142}){\rightarrow}(P_{C,151}{\rightarrow}P_{C,153}{\rightarrow}P_{C,152},\ P_{C,161}{\rightarrow}P_{C,163}{\rightarrow}P_{C,162}){\rightarrow}$ $(P_{C,51},\ P_{C,52})$

将所提方法与基于割集的方法[165]和基于多色集合的方法[166]进行比较。当零件数 n 为 49 时，所提方法生成的序列有 16 种；当零件数 n 为 9 时，基于割集的方法生成的装配序列有 1584 种；当零件数为 13 时，基于多色集合的方法生成的序列有 48 种。由此可见，所提方法可以进一步减少解的个数，与多色集合推理装配约束的方法相比，本体描述推理的方法提供了更多的约束条件，通过分层推理可能的零件等方式进一步去除不符合现实装配环境和装配习惯的序列，并降低计算复杂度，其算法的对比数据如表 5.5 所示，其中 n 表示零件数，m 表示子装配规划集合数。

表 5.5　装配规划方法对比

装配方法	算法复杂度	装配体	零件数	装配序列数
基于本体的方法	$O(m(n/m)^3)$	齿轮减速器	49	16
基于割集的方法	$O(n!)$	阀门	9	1584
基于多色集合的方法	$O(n^3)$	齿轮减速器	13	48

5.4　基于本体的装配序列最优解生成

在装配序列的规划阶段，虽然产生了能够实现基本安装的序列，并通过装配经验剔除了一部分不符合装配习惯的序列，但仍能生成很多的可行序列。因此，需要对这些序列进行综合评估，选择一种最佳序列。如何在大量可行的装配序列中智能地选择一条既符合产品装配要求又能够降低企业生产成本的最佳序列，就成为装配规划领域需要解决的问题。

随着产品复杂性和数据量的急剧增加，组合优化中的"组合爆炸"问题成为首先需要解决的问题。得益于启发式算法无需遍历整个解空间就能得到最优解的优势，近年来启发式算法在装配规划中得以广泛地应用。蚁群算法模拟蚂蚁的行为特性，通过协同搜索成功应用于组合优化的问题。蚁群算法逐步地构建序列和最优搜索，然而遗传算法将每一条序列作为整体进行搜索，在序列较长和限制条件较多的情况下，执行算法的相关步骤后难以避免地存在现实中不可装配的解。

因此，蚁群算法避免了大量对不可行序列的搜索，缩小了搜索空间并缩短了求解时间。蚁群算法更适用于模拟装配过程，因此作为最优装配序列的求解方法。

5.4.1　蚁群算法及装配问题表达

在 20 世纪 90 年代初，意大利学者 Dorigo[167]等提出了蚁群算法，它是继早期主要的几种启发式搜索算法之后，又一种解决组合优化问题的有效途径。蚁群算法是为模拟现实环境中蚁群的信息传递机制提出的，蚂蚁通过其他个体在路径上残留的信息素的强弱程度指导其行走路线，并留下自身的行走信息，进而促使蚁群的觅食路线移向最短路径。蚁群算法具有以下优点。

（1）一种正反馈算法。蚂蚁会沿着信息素浓度较高的路径运动，同时留下自身的信息素加强该路径。得益于这种正反馈的机制，搜索收敛速度进一步加快。

（2）一种并行算法。该算法是一种基于种群的进化算法，因此，蚁群算法具有一定的并行性，通过改造易于实现分布式并行计算。

（3）良好的灵活性和开放性。该算法对目标函数无特殊要求，目标函数可以是高度非线性、非凸或离散型的最优模型。该算法便于同其他算法结合，改善算法性能或形成新的算法，用于其他类型的规划和决策问题。

旅行商问题（travelling salesman problem，TSP）是经典的组合优化问题，许多优化方法都以它作为测试基准，在此，使用 TSP 描述蚁群算法的原理。

TSP：旅行商需要去一组城市推销商品，要求必须到达每一个城市并且只能到达一次，求解一条旅行商走遍所有城市并且最短的路径。城市之间的信息用一个图（C, V）表示，其中 C 表示所有的必须经过的城市集合，V 表示描述城市之间距离的集合。

设算法中的蚂蚁和城市节点数分别为 m 和 n。初始时，蚂蚁随机从一个城市出发。在 t 时刻，蚂蚁 k 从节点 i 到节点 j 的概率 $P_{ij}^k(t)$ 由边（i, j）上的信息素强度和启发信息协同决定，其转移概率如下：

$$P_{ij}^k(t) = \begin{cases} \dfrac{[\tau_{ij}(t)]^\alpha [\mu_{ij}(t)]^\beta}{\sum\limits_{s \in \text{allowed}_k} [\tau_{is}(t)]^\alpha [\mu_{is}(t)]^\beta}, & j \in \text{allowed}_k \\ 0, & \text{否则} \end{cases} \tag{5.1}$$

其中，$\tau_{ij}(t)$ 表示 t 时刻路径(i, j)上的信息素浓度；$\mu_{ij}(t)$表示 t 时刻节点 i 到节点 j 的启发式信息；α 表示信息素的权重，表示轨迹上信息素的重要性；β 表示启发信息的权重；集合 allowed$_k$ 表示下一个可以选择且未经过的城市。

当蚂蚁完成自己的路径选择后，在此线路上标记信息素，从而影响下一只蚂蚁的位移轨迹，在一次迭代中，当全部的蚂蚁构造了行走路径后，根据解质量的优劣给予相应大小的信息素增量。根据信息素更新策略的不同，Dorigo 提出了三种基本蚁群算法模型，其差别在于 $\Delta\tau_{ij}^{k}(t)$ 的求解不同。本书采用的 Ant-Cycle 模型表示如下：

$$\Delta\tau_{ij}^{m}(t)=\begin{cases} \dfrac{Q}{s}, & \text{第}m\text{只蚂蚁经过}(i,j) \\ 0, & \text{否则}\end{cases} \tag{5.2}$$

其中，Q 表示调整参数；s 表示蚂蚁 m 走过的路线总长度。

随着迭代次数的推移，信息素在一定程度上逐渐削弱，并且增加被走过的路径上的信息素，t 时刻的下一个时刻的信息素更新方式如下：

$$\tau_{ij}(t+1)=(1-\gamma)\tau_{ij}(t)+\sum_{k=1}^{n}\Delta\tau_{ij}^{k}(t) \tag{5.3}$$

其中，$0<\gamma<1$ 表示信息素的挥发率；k 表示本次迭代所有蚂蚁走过的路径 (i,j)。

对装配序列产生的过程进行逐步分解，其规划问题可以看作一系列有序的装配操作（assembly operation，AO）将零件衔接起来。因此，一个装配操作的定义如下。

定义 5.4.1　装配操作（AO）：装配操作是由装配基本元素所组成的一个四元组，其元素由装配零件、已装配零件、可装配性和装配代价组成。

$$\text{AO} = (P, \text{Sub}A, \text{AF}, \text{AC})$$

其中，P 表示装配的零件；$\text{Sub}A$ 表示已装配的零件有序集合；AF 表示装配零件的可装配性；AC 表示安装该零件的代价。$\text{Sub}A$ 集合是零件 P_j 的装配基础，其初始的有序集合 $\text{Sub}A = \{P_i\}$，P_i 表示基础件。可装配性集合 AF = {True，False}，当零件 P_k 具备可安装性时，要求该零件在当前时刻可安装，即当 $\text{Sub}A = \{P_1,$ $P_2, \cdots, P_n\}$ 时，满足 $E_{\text{IR}}(P_k)$，同时要求 P_k 不阻碍后续零件的安装，即当 $\text{Sub}A = \{P_1,$ $P_2, \cdots, P_n, P_k\}$ 时，所有未安装的零件 P_m 满足 $E_{\text{IR}}(P_m)$。集合 AC 是选择该零件的依据，即蚂蚁的转移概率，这些因素会影响每条装配路径，也是判定最优路径的考虑因素。其中 AC = $\{D, S, T, K\}$，D 表示装配可行方向，S 表示零件的稳定性，T 表示装配所需的工具，K 表示零件的种类。

5.4.2　基于本体的蚁群算法优化

相较于旅行商问题，装配序列规划问题属于强约束问题，它有一系列几何约束、工艺约束和装配经验需要满足。本书在本体提供的装配约束的基础上，考虑了安装方向、安装稳定性和安装工具等，为使信息素因子和目标评价函数包含这些装配信息，对蚁群算法做出调整和优化，实现针对装配问题的蚁群算法。

蚁群算法中，单只蚂蚁在搜索装配序列时从当前装配操作到下一个装配操作的概率称为转移概率。假设蚂蚁 m 在 t 时刻从节点 i 移动到下一个节点 j，则 t 时刻的轨迹 (i, j) 的转移概率由该轨迹上的信息素浓度 τ_{ij} 和启发式函数 f_{ij} 共同决定，转移函数 $P_{ij}^k(t)$ 定义如下：

$$P_{ij}^k(t) = \begin{cases} \dfrac{[\tau_{ij}(t)]^\alpha [f_{ij}(t)]^\beta}{\displaystyle\sum_{k \in \text{allowed}_k} [\tau_{ik}(t)]^\alpha [f_{ik}(t)]^\beta}, & j \in \text{allowed}_k \\ 0, & \text{否则} \end{cases} \tag{5.4}$$

其中，$\tau_{ij}(t)$ 表示 t 时刻路径上的信息素浓度；$f_{ij}(t)$ 表示 t 时刻的启发式函数，该函数将蚂蚁引导至更稳定、装配重定向和工具转换少的路径，其表达和含义如下。

（1）重定向性。重定向即安装的方向发生改变，这将影响装配的难度、成本、质量和精度。对于自动化装配而言，重定向意味着需要更为复杂的机械装置提供支持，如对机械臂和安装平台有更多额外的动作要求。对于手工装配而言，视角、对象和环境等发生变化会打断装配连贯性，造成误装、漏装等人为失误。因此，尽可能减少重定向次数、保持一致性是十分重要的措施。其重定向性启发函数如下：

$$d_{ij} = \begin{cases} 0.2, & d_i \neq d_j \\ 1, & d_i = d_j \end{cases} \tag{5.5}$$

其中，d_i 表示零件 i 的安装方向；d_{ij} 表示从安装零件 i 到安装零件 j 的重定向启发式信息。

（2）稳定性。本书描述的稳定性结合了零件装配的稳定性、连续性和并行性。稳定性反映了零件在重力作用下能否得到其他零件支撑的情况，在实际装配中，零件不能脱离夹具和安装平台而悬空存在，其他零件能够作为支撑点必将减小其开销。连续性表示零件之间具有配合、连接的物理关系和连贯的装配逻辑，装配相邻的零件对装配操作的稳定性有促进作用并可以减少零件搬运位移所需的代价。因此，将连续性和稳定性相结合。

并行性是指装配过程中相同功能零件或相似操作集中完成的程度，复杂产品中往往需要多个相同的零件协同完成同一个主体功能，据统计，这些相同操作的零件平均占零件总数的 60% 以上，其中连接件是这一协同工作的主体[168]。得益于本体的表示和规则推理，已将种类相同的连接件协同信息融入连接件组合，并给予了不同种类的连接件协同信息。由于连接件是普通零件之间连接和固定的主要手段，对装配稳定性有更为重要的作用，因此，将连接件的并行性和连接信息融入稳定性因素，并且连接件的作用大于普通零件。其稳定性启发函数如下：

$$s_{ij} = \begin{cases} 0.1, & j \in \text{OrdinaryParts}, i \notin S_{\text{PR}j} \text{且} i \notin S_{\text{SR}j} \\ 0.2, & j \in \text{Connectors}, i \notin S_{\text{CR}j} \text{且} i \notin S_{\text{CWC}j} \\ 0.5, & j \in \text{OrdinaryParts}, i \in S_{\text{PR}j} \text{或} i \in S_{\text{SR}j} \\ 1, & j \in \text{OrdinaryParts}, i \notin S_{\text{PR}j} \text{且} i \notin S_{\text{SR}j} \\ 2, & j \in \text{Connectors}, i \in S_{\text{CR}j} \text{且} i \in S_{\text{CWC}j} \end{cases} \quad (5.6)$$

其中，OrdinaryParts 表示普通零件；Connectors 表示连接件；$S_{\text{PR}j}$ 表示零件 j 的定位关系集合；$S_{\text{SR}j}$ 表示零件 j 的支撑关系结合；$S_{\text{CR}j}$ 表示连接件 j 的连接关系集合；$S_{\text{CWC}j}$ 表示连接件的并行关系集合；S_{ij} 表示从零件 i 到零件 j 的稳定性启发式信息。

（3）装配工具。由于零件几何形状、装配工艺的特殊性，每个零件在实际的安装过程中需要使用特定的装配工具，如钢丝钳、中号十字螺丝刀、六角榔头和活络扳手等。经常改变装配工具会影响装配时间、效率成本等，并且提高了对装配人员的操作要求和自动化机械平台的性能要求。因此，在装配活动中尽可能地减少工具的更换次数是考虑的主要因素之一。其装配工具更换的启发函数如下：

$$t_{ij} = \begin{cases} 0.2, & t_i \neq t_j \\ 1, & t_i = t_j \end{cases} \quad (5.7)$$

其中，t_i 表示零件 i 的安装工具；t_{ij} 表示从零件 i 到零件 j 的装配工具更换的启发信息。

（4）多目标启发式函数。以上三个影响装配成本的因素无法同时兼顾，需要按照具体装配环境、装配体自身的特殊性和装配资源等方面进行配置，将各个指标融合到一起，形成多目标适应性函数。多目标函数对装配因素考虑更为周全，提供了更高的区分度，对蚁群有更强的引导作用。

$$f_{ij} = w_1 d_{ij} + w_2 s_{ij} + w_3 t_{ij} \quad (5.8)$$

其中，$w_1 \sim w_3$ 为各目标的权重，且 $\sum_{i=1}^{3} w_i = 1$。

通常蚁群算法在处理装配规划问题时，容易陷入局部最优而导致算法停滞。这是由于蚂蚁依靠转移概率进行路径选择，如果算法未在计算的初期发现最优路径，由于其信息素不断积累的性质，蚂蚁几乎不会去探索新的路径。因此，为了避免算法过早地收敛于局部最优解，应从两方面进行控制。首先对选择路径的信息素进行削弱，为蚂蚁提供更广阔的搜索范围，其次对最优路径进行加强，削弱次优解对蚂蚁的影响。对信息素的更新规则做了如下规定。

（1）对每条路径上的信息素 τ，限定一个最大值和最小值，更新信息素时，对超过规定范围的数值进行调整。避免信息素的值过高使信息素挥发和增加操作边缘化，尤其是陷入局部最优的情况。算法初始信息素为设置的信息素最大值。其调整函数如下：

$$\tau = \begin{cases} \tau_{\max}, & \tau > \tau_{\max} \\ \tau, & \tau_{\min} < \tau < \tau_{\max} \\ \tau_{\min}, & \tau < \tau_{\min} \end{cases} \qquad (5.9)$$

其中，τ 表示信息素的量；$\tau_{\max}$ 表示设置的信息素最大值；$\tau_{\min}$ 表示设置的信息素最小值。

（2）局部更新。局部更新通过挥发一定量的信息素，降低刚刚被选择的路径上的信息素值，使得对下一只蚂蚁的吸引力减小，扩充搜索范围。因此，在一只蚂蚁完成规划之后，对其路径上所有边的信息素进行削弱。其各个边上的调整函数如下：

$$\tau_{ij} = (1-p) \times \tau_{ij} + p \times \tau_{\max} \qquad (5.10)$$

其中，$0 < p < 1$ 是信息素的局部挥发率。

（3）全局更新。在所有的蚂蚁完成一次迭代之后，全部边上的信息素按照一定的挥发率进行削弱，然后在本次迭代所走过的路径上增加一定量的信息素，其增加的量由该路径的质量决定。本书只允许迭代中最优序列的蚂蚁在相应路径上增加全局信息素。这一措施指导蚂蚁向最优解移动，避免次优解上的信息素大量增加，起到集中搜索的目的。全局更新的函数如下：

$$\tau_{ij}(t+1) = (1-\gamma)\tau_{ij}(t) + \sum_{k=1}^{r} \Delta \tau_{ij}^{k}(t) \qquad (5.11)$$

其中，$0 < \gamma < 1$ 是信息素的全局挥发率；k 是本次迭代中最优序列的数量。增加的信息素大小为

$$\Delta \tau_{ij}^{m}(t) = \begin{cases} \dfrac{Q}{L}, & \text{路径} m \text{属于最优解} \\ 0, & \text{否则} \end{cases} \qquad (5.12)$$

其中，Q 是调节参数；L 为评价序列质量的目标函数，其定义如下：

$$L = w_1 D + w_2 S + w_3 T \qquad (5.13)$$

其中，$w_1 \sim w_3$ 为各目标的权重，且 $\sum_{i=1}^{3} w_i = 1$；D 表示装配操作改变安装方向的次数；T 表示安装过程中安装工具改变的次数；S 表示该序列的稳定程度。由于重定向的代价最大，装配工具次之，所以一般采用 $w_1 > w_3 \geqslant w_2$ 的配比。S 的值越小表示重定向和工具的次数越少及装配越稳定，信息素增加越多，对后续蚂蚁的吸引力越大。其中 S 的度量函数如下：

$$S = \sum_{k=1}^{n} s_{ij} \tag{5.14}$$

其中，k 表示该序列的装配操作数；s_{ij} 表示零件 i 到零件 j 的装配操作的稳定性，其判定函数如下：

$$s_{ij} = \begin{cases} 1, & j \in \text{OrdinaryParts}, i \notin S_{\text{PR}\,j}\text{且}i \notin S_{\text{SR}\,j} \\ 2, & j \in \text{Connectors}, i \notin S_{\text{CR}\,j}\text{且}i \notin S_{\text{CWC}j} \\ 0.5, & j \in \text{OrdinaryParts}, i \in S_{\text{PR}\,j}\text{或}i \in S_{\text{SR}\,j} \\ 0.1, & j \in \text{OrdinaryParts}, i \notin S_{\text{PR}\,j}\text{且}i \notin S_{\text{SR}\,j} \\ 0.2, & j \in \text{Connectors}, i \in S_{\text{CR}\,j}\text{且}i \notin S_{\text{CWC}j} \end{cases} \tag{5.15}$$

其中，OrdinaryParts 表示普通零件；Connectors 表示连接件；$S_{\text{PR}j}$ 表示零件 j 的定位关系集合；$S_{\text{SR}j}$ 表示零件 j 的支撑关系结合；$S_{\text{CR}j}$ 表示连接件 j 的连接关系集合；$S_{\text{CWC}j}$ 表示连接件的并行关系集合。

5.4.3　优化装配序列问题

针对装配规划问题优化了蚁群算法的评定标准、更新方式等，其算法的流程图如图 5.9 所示，以下是其算法步骤。

（1）系统输入。从装配规划信息本体中提取约束条件，即干涉关系、定位关系、支撑关系、连接关系、协同关系和安装工具等。输入迭代次数 N、蚂蚁数量 M、蚁群算法参数信息素权重 α、转移概率权重 β、全局挥发率 γ、局部挥发率 p、最大信息素 $\tau_{\max}$、最小信息素 $\tau_{\min}$、调节参数 Q、启发函数的权重 $w_1 \sim w_3$ 和目标函数的权重 $c_1 \sim c_3$，并通过计算获得零件数 K 和基础件 P_i。

（2）初始化蚁群，每一只蚂蚁从基础件出发，从剩余零件中删除基础件之后剩下的零件构成候选零件集合。

（3）获取当前已经走过的路径，判断候选零件集合中零件的可安装性。若零件具备可安装性，则通过给定的转移概率计算公式计算每一个可行候选零件，若零件不具备可安装性，则将其转移概率设置为零。随后利用随机轮盘赌选择下一个零件，并从候选零件集合中删去。

（4）判断路径是否规划了所有的零件，是则根据目标函数计算该路径是否为当前的最优路径，并更新最优路径，然后更新局部信息素，最后进入步骤（5）；否则进入步骤（3）。

（5）判断是否所有的蚂蚁都规划了路径，是则更新全局信息素，进入步骤（6）；否则更换下一只蚂蚁，进入步骤（3）。

（6）判断是否迭代完成，是则输出最优序列；否则进入步骤（2）。

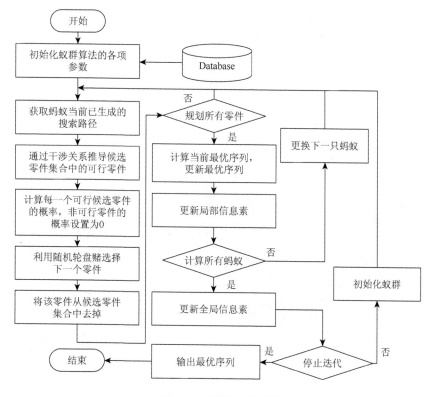

图 5.9 蚁群算法流程图

5.4.4 实例研究

本节以齿轮减速器为例验证上述方法在生成装配序列方面的有效性。齿轮减速器如图 5.10 所示，P_1 为视孔盖，P_2 为箱盖，P_3 为箱座，P_4 为通气器，P_5 为螺塞，P_6 为盖座螺纹组，P_7 为插销组，P_8 为输入轴部件，P_9 为输出轴部件，P_{10} 为螺钉组 I，P_{11} 为螺钉组 II。

（1）获取装配信息。在装配规划信息本体的基础上，使用 Jena API 从 OWL 文件中提取推理结果，并重构装配信息以便于算法使用，假设该装配的装配工具有 5 种，则装配体的部分装配信息如表 5.6 所示。

（2）执行蚁群算法。设定蚂蚁各参数如下：$N = 100$，$M = 100$，$\alpha = 0.5$，$\beta = 0.5$，$\gamma = 0.3$，$p = 0.3$，$\tau_{max} = 5$，$\tau_{min} = 1$，$Q = 2$。通过计算，得到如下序列结果：$(3, -y, A_1) \rightarrow (4, -y, A_1) \rightarrow (11, -y, A_0) \rightarrow (5, +y, A_2) \rightarrow (8, +z, A_1) \rightarrow (9, +z, A_1) \rightarrow (2, +z, A_1) \rightarrow (1, +z, A_1) \rightarrow (10, +z, A_0) \rightarrow (6, +z, A_3) \rightarrow (7, +z, A_4)$，从序列结果中可以看出安装方向的改变次数为 2 次，工具的改变次数为 5 次。

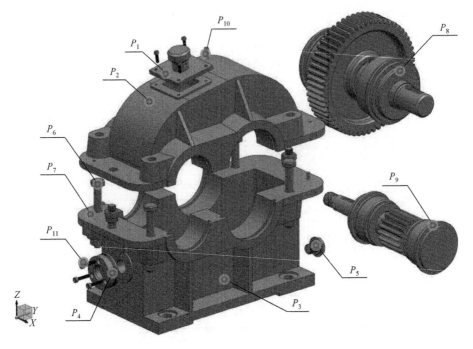

图 5.10　齿轮减速器

从序列结果中可以看出,该序列比较综合地考虑了现实环境中的装配可行性,对普通零件和连接件的装配比较理想,并兼顾考虑了重定向、装配工具等,其结果比较符合人为规划的结果。将基于本体装配信息的蚁群算法结果与以重定向和装配工具为重点的蚁群算法[4]相比较,其结果更符合现实的装配习惯和装配环境,避免了最优装配序列不符合现实装配要求的情况。通过推理等手段将装配知识解析为计算机可解析的表示方式,易于装配知识和算法本身融合。

表 5.6　减速器的装配信息表

ID	Type	IR_plus$X$	IR_minus$X$	IR_plus$Y$	IR_minus$Y$	IR_plus$Z$	IR_minus$Z$	PR	SR	Tool
P_1	OrdinaryParts	P_2, P_{10}	P_2, P_{10}	P_2, P_{10}	P_2, P_{10}	P_{10}	P_2, P_8, P_9, P_3	P_2	P_2	A_1
P_2	OrdinaryParts	P_1, P_6, P_7, P_8, P_9, P_{10}	P_1, P_6, P_7, P_8, P_9, P_{10}	P_1, P_6, P_7, P_8, P_9, P_{10}	P_1, P_6, P_7, P_8, P_9, P_{10}	P_1, P_6, P_7, P_{10}	P_3, P_4, P_5, P_8, P_9, P_{11}	P_1, P_3, P_8, P_9	P_3, P_8, P_9	A_1
P_3	OrdinaryParts	P_4, P_5, P_6, P_7, P_8, P_9, P_{11}	P_4, P_5, P_6, P_7, P_8, P_9, P_{11}	P_5, P_6, P_7, P_8, P_9	P_4, P_6, P_7, P_8, P_9, P_{11}	P_4, P_5, P_6, P_7, P_8, P_9, P_{11}, P_1, P_2, P_{10}	P_4, P_5, P_{11}	P_2, P_4, P_5, P_8, P_9	P_4, P_5	A_1

续表

ID	Type	IR_plusX	IR_minusX	IR_plusY	IR_minusY	IR_plusZ	IR_minusZ	PR	SR	Tool
P_4	OrdinaryParts	P_3, P_{11}	P_3, P_{11}	P_3, P_8, P_9	P_{11}	P_3, P_2, P_6, P_7	P_3, P_{11}	P_3	P_3	A_1
P_5	OrdinaryParts	P_3	P_3	P_3, P_8, P_9	P_3, P_2, P_6, P_7	P_3		P_3	P_3	A_2
P_8	OrdinaryParts	P_2, P_3, P_6	P_2, P_3, P_6	P_2, P_3, P_6, P_7	P_2, P_3, P_6, P_7, P_9, P_4, P_{11}	P_1, P_2, P_{10}	P_3, P_5	P_2, P_3, P_9	P_3	A_1
P_9	OrdinaryParts	P_2, P_3	P_2, P_3	P_2, P_3, P_6, P_7, P_8	P_2, P_3, P_6, P_7, P_4, P_{11}	P_1, P_2	P_3	P_2, P_3, P_8	P_3	A_1

ID	Type	IR_plusX	IR_minusX	IR_plusY	IR_minusY	IR_plusZ	IR_minusZ	CR	CWC	Tool
P_6	Connectors	P_2, P_3, P_7, P_8	P_2, P_3, P_7, P_8	P_2, P_3, P_8, P_9	P_2, P_3, P_8, P_9		P_2, P_3	P_2, P_3	P_7	A_3
P_7	Connectors	P_2, P_3, P_6	P_2, P_3, P_6	P_2, P_3, P_8, P_9	P_2, P_3, P_8, P_9		P_2, P_3	P_2, P_3	P_6	A_4
P_{10}	Connectors	P_2	P_2	P_2	P_2		P_2, P_8, P_9, P_3	P_1, P_2		A_0
P_{11}	Connectors	P_3	P_3	P_3, P_8, P_9	P_4, P_2, P_3, P_6, P_7	P_3		P_3, P_4	P_3	A_0

注：Type 表示零件的类型，IR 表示各个方向的干涉关系集合，PR 表示零件的定位关系集合，SR 表示零件的支撑关系集合，Tool 表示安装工具，CR 表示连接件的连接关系集合，CWC 表示连接件的并行安装连接件。

5.5　装配序列规划原型系统

本节以装配信息模型及本体表示、装配序列的自动生成方法和装配序列最优解生成方法为基础，开发一个基于本体的装配序列规划原型系统。该原型系统的框架如图 5.11 所示。从图中可以看出该框架大致包含如下两个模块。

（1）装配规划信息本体。装配规划信息本体是在计算机中实现装配几何约束、装配工艺约束、装配零件属性等装配信息的本体表示。它是原型系统实现装配规划的基础。

（2）主功能模块。主功能模块包括相关信息的提取模块、装配序列集合的生成模块、最优装配序列的生成模块等，装配序列生成模块以所设计的自动生成算法和优化的蚁群算法为实现基础。

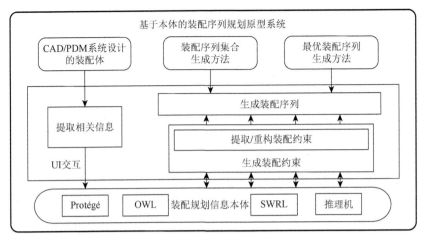

图 5.11　基于本体的装配序列规划原型系统框架

5.5.1　装配序列规划系统设计

基于本体的装配序列规划原型系统主要包括装配规划信息本体和装配序列的生成两部分。首先根据领域知识和专家经验构建领域本体，其次通过装配实例信息的提取、本体解析技术和生成算法等完成序列规划，其相应的层次结构和使用技术如图 5.12 所示。

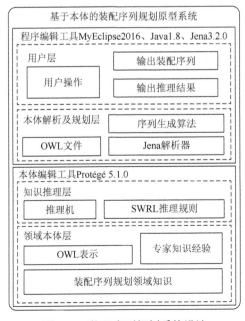

图 5.12　装配序列规划系统设计

（1）领域本体层。领域本体层是整个原型系统的基础，首先对装配知识进行提取和转换，构建装配领域知识的本体模型，其次使用 OWL 对装配领域的概念和属性进行表示。该层使用 OWL 和本体编辑软件 Protégé 5.1.0 完成在计算机上的构建。

（2）知识推理层。该层是生成装配约束的关键层，首先在领域本体层和专家经验的基础上，设计推理规则，其次将本体和规则载入推理机并运行，通过推理过程得到更多的装配约束。该层使用 SWRL、装配规划信息本体和推理机完成推理过程。

（3）本体解析及规划层。该层首先通过本体的解析工具从本体文件中获取推理结果，其次结合设计的装配序列集合生成算法和改进的蚁群算法产生装配序列。该层使用 MyEclipse 2016、Java 1.8 和 Jena 3.2.0 提供本体解析 API（application programming interface，应用程序编程接口）。

（4）用户层。用户层通过程序设计的界面，对系统的各个运行过程进行控制和操作，并获取输出的结果。

5.5.2　装配序列规划本体 OWL 表示

在计算机上构建装配规划信息本体，可以参照第 3 章中的七步法及构建的本体框架完成，其主要的构建步骤如下。

首先，建立类及其子类的层次关系。使用 Protégé 5.1.0 版本本体编辑工具能够直观地构建、操作和观察到类之间的结构层次，调用其软件原生的图像化插件可以清晰地看到该本体的结构内容，如图 5.13 所示。

其次，定义类的属性。根据装配规划和推理需求制定的对象属性和数据属性（表 5.1），在本体编辑软件中构建其属性并指定其定义域和值域，其编辑器中的层次结构和属性设定如图 5.14 所示。

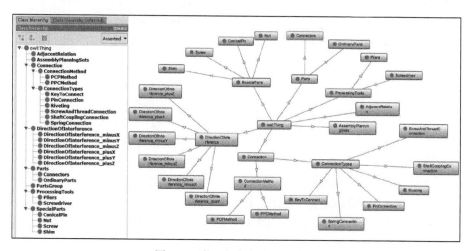

图 5.13　装配规划信息本体结构

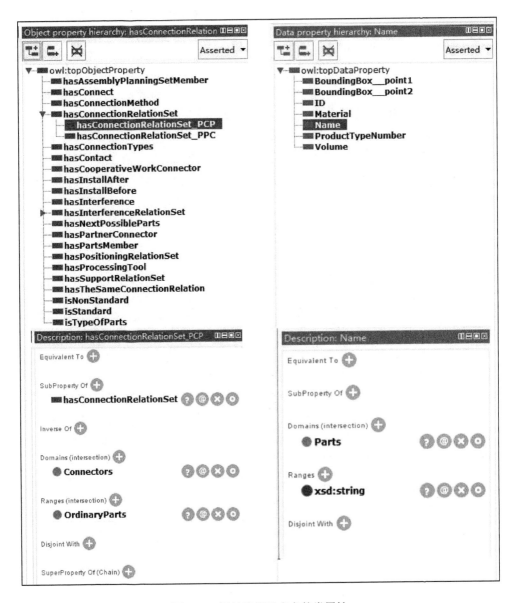

图 5.14　属性编辑器定义的类属性

在本体编辑软件中完成装配规划信息本体的编辑后，该本体使用 OWL 进行描述，并通过 RDF/XML 的标签来定义和保存类、属性、个体和规则等。OWL 描述的类和属性的 RDF/XML 编码如图 5.15 所示，其中图 5.15（a）表示类，图 5.15（b）表示属性。

(a) 类   (b) 类

图 5.15 类和属性的 OWL RDF/XML 编码

5.5.3 装配规则的 SWRL 表示

前面描述了该领域的相关概念及其属性，构建了装配规划领域的本体，然而单纯地描述其数据还不足以表示装配约束、装配习惯和专家的经验知识等信息，而这些经验知识是构造优质装配序列的关键。因此，需要设计本体推理规则，使这些数学公式难以表达的经验知识得以描述。

装配几何约束、装配工艺约束等在现有的装配序列规划方法[135, 137]中已经有详细的研究，本书重点研究其基于本体的装配规划语义描述和推理规则，描述以自然语言形式存在的装配经验知识。根据第 3 章描述的装配规划信息推理规则在本体编辑软件中实现，其 SWRL 规则的表示如图 5.16 所示。

5.5.4 原型系统主模块

基于本体的装配序列规划原型系统的主功能包括装配规划信息本体的解析和

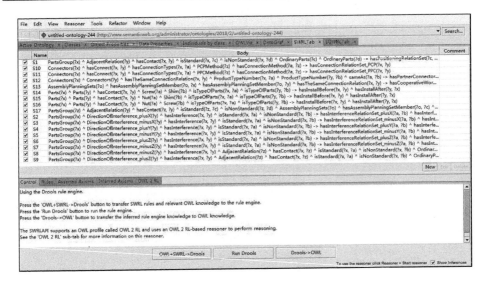

图 5.16　装配规划 SWRL 规则示例

提取模块、装配序列集合的生成模块和最优装配序列的生成模块。下面以第 3 章和第 4 章的齿轮减速器为实例演示主模块的运行情况。

（1）系统主界面。基于本体的装配序列规划原型系统的运行主界面如图 5.17 所示。

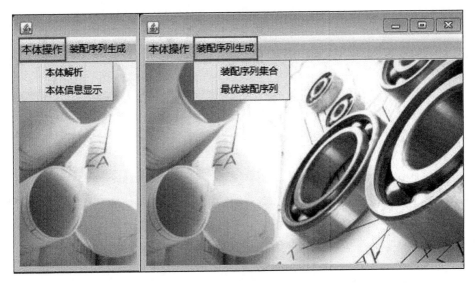

图 5.17　原型系统运行主界面

（2）解析本体文件及显示本体信息。运行系统后用户选择需要解析的本体文件，并运行本体的解析程序。其界面和解析的结果如图 5.18 所示。在获取解析结果之后，对该信息进行组织重构，其查询和显示界面如图 5.19 所示。

图 5.18　"本体解析"窗口及解析结果

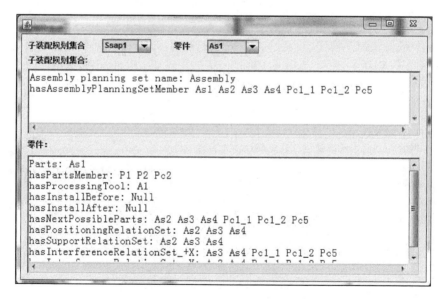

图 5.19　查询和显示本体推理结果

（3）装配序列集合生成。在解析的本体信息的基础上，运行装配序列集合生成算法。显示局部装配序列，然后将局部装配序列、本体推理得到的特殊零件的固定序列及连接件组等相结合，输出全局装配序列。装配序列集合的运行界面如图 5.20 所示。

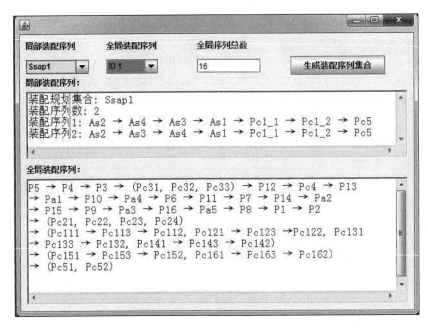

图 5.20　装配序列结果集

（4）最优装配序列生成。输入蚁群算法的各项参数，运行最优装配序列生成算法，得到最优路径的评估值和最优序列，最后输出结果，其运行结果如图 5.21 所示。

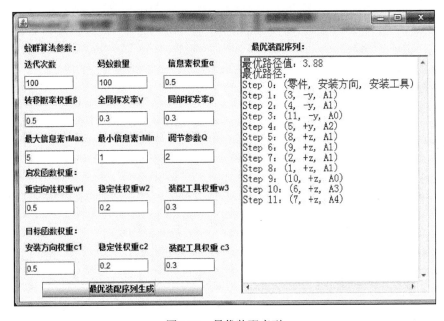

图 5.21　最优装配序列

5.6　本　章　小　结

5.2 节在面向功能、结构和工艺等方面的装配建模方法的基础上，构建了适用于本体技术和推理的装配信息模型，并对其进行了形式化描述和本体表示，为实现装配规划信息本体和编写推理规则提供了指导和铺垫。该模型描述了装配体的层次结构并对其进行划分，为复杂产品分层分步处理提供基础。同时，描述了零部件组的约束关系和零部件的属性，给出了零部件安装条件计算判定的逻辑方程，为装配序列的自动生成算法设计提供基础。

5.3 节研究了基于本体的装配序列自动生成方法。首先，在装配信息模型的基础上，根据七步法构建了装配规划信息本体，设计了推理装配信息的 SWRL 规则，对装配信息和装配经验知识进行了本体表示。其次，设计了基于本体的序列生成方法，规划了装配信息的推理和提取阶段，设计了装配序列自动生成算法。最后，以减速器为例验证了基于本体的装配序列自动生成方法的正确性和有效性。

5.4 节介绍了蚁群算法的基本情况，并形式化地描述了装配操作问题。面向装配序列规划问题，在原始蚁群算法的基础上构建了面向装配规划的蚁群算法。分析了蚁群算法的转移概率，构建了多目标启发函数及其组成元素。优化了信息素更新机制，为避免算法陷入局部最优，设定了相应的更新规则。最后通过减速器实例验证了算法的有效性。

5.5 节在前面描述的基础上，开发了基于本体的装配序列规划原型系统。该系统首先在本体编辑软件中实现了装配规划信息本体及其规则编写和推理，其次实现了该系统的主要模块，并通过实例运行得到了比较理想的装配序列规划结果。

第6章　工艺 BOM 知识库的构建及推理

6.1　概　　述

20 世纪 60～70 年代，伴随着社会及技术的发展，国内外大量的企业开始引入 CAX 办公系统，提高企业信息技术水平，以增强市场需求反应能力，快速推出符合需求的高质量产品，同时通过提高自身生产效率、降低成本来提高企业核心竞争力[169]。但由于多数 CAX 系统都是由各大企业公司独立发展起来的，本身并不具备文件资料共享及软件相互集成的能力，既缺乏合适的管理工具对资料进行统一集成管理，在业内的各个联盟企业及企业内部也缺乏高效的信息传递共享手段，从而形成了"信息孤岛"的问题。PDM 技术便是基于这样的一种情况发展而来的。

到了 20 世纪 80 年代，国外知名企业 CIMdata 公司的主席 Ed Miller 对 PDM 的定义是：PDM 是一门用来管理所有与产品相关信息与产品相关过程的技术。提供维护"电子绘图仓库"的功能，是当时企业对 PDM 产品研发最初的目标，并且解决数据文档由数量过多导致的存储和管理困难的问题[170]。实现了与 CAD 系统进行简单的配合使用[171]。但依旧只能在一定程度上对"信息孤岛"的问题进行缓解，并不能有效地解决该问题[172]。

进入 21 世纪，国际上一些知名的软件公司不断推出新型的 PDM 产品，PDM 技术得到快速成长，随着我国 863 计划的推行，众多企业与科研机构也纷纷展开了对 PDM 技术的研究，许多企业逐步开始引入 PDM 技术，使国内企业信息化进程得到大大加速[173]。针对"信息孤岛"中企业信息传递共享的问题，国内的吴丹等在分析分布式产品数据管理特性的基础上，进一步促进了异地设计制造环境下多 PDM 系统之间的数据交换、共享[174]。在国外，Panetto 等[175]通过在数据管理领域引入本体技术，提出以产品本体为依据的"产品中心"信息模型，统一标准化格式，将设计系统与信息管理系统、生产制造系统连接为一个"整体"，极大地促进了产品知识的跨平台共享。而在数据管理领域伴随着 PDM 的发展，在国内崔剑等[176]提出了面向产品全生命周期管理（PLM）需求信息管理模型，有效地实现以客户需求为中心的信息管理。在国外 Taisch 等[177]通过提出一个新的产品全生命周期管理标准，提供一个有效和可靠的信息模型来管理所有的产品全生命周期数据和信息。

物料清单（BOM）是产品的大部分生命周期中，都离不开的一种产品结构化的信息表，也是企业资源计划（ERP）系统及产品数据管理（PDM）系统的核心文件，是重要组成部分。在实际应用中，BOM 一般指最原始的设计 BOM，即常说的 BOM 文件，当今随着行业的发展，BOM 的应用已经不再局限于最原始的形态，有针对不同部门、不同用途而发展的各个种类的 BOM，如应用在工艺编制部门的工艺 BOM 及生产部门的制造 BOM，还有采购部门的采购 BOM 和财务部门的财务 BOM 等，而这些不同种类的 BOM 文件，都是构成 PDM 系统的重要部分。

在 PDM 系统中，BOM 作为设计信息的载体之一，是联系制造业企业中各部门的信息桥梁，也是企业中采购系统、制造系统、库存系统、销售系统和财务系统的信息纽带[35]。它承载了产品零部件相互之间的结构关系，以及相关的重要属性，而 BOM 在产品不同的生命周期中具有不同的结构形式，指导不同的职能部门进行工作，是部门组织计划的基本资料及重要依据，是典型的需要跨部门进行信息传递的文件。在过去，大部分企业对传统 BOM 文件的管理办法都相对落后，许多企业的设计 BOM、工艺 BOM 无法由 CAD、CAPP 系统自动生成，数据结构共享性差、自动化程度低，依然存在大量的手工劳动和重复输入[36]。

现在随着中国制造 2025 的推进，智能化已成为制造业的追求目标，企业管理智能化信息化也成为时代所趋，而作为数据管理系统的核心文件 BOM 是制造业信息化系统中重要的基础数据[178]，BOM 编制及生成相关技术的自动化智能化问题备受关注。当前为了简化 BOM 数据的管理和维护，波音公司采用了单一产品数据源（SSPD）的方法[179]。Luh 等为了实现设计 BOM 的快速生成，构建了面向产品多型号、允许用统一表示形式的四层体系架构[180]。然而在大多的数据管理软件中，BOM 的管理功能通常都是嵌入各种服系统中，如 INTRANLINK 和 Windchill 等 PDM 软件中管理大量的关于产品设计 BOM 的数据，但较少涉及用于其他职能部门的 BOM 数据[181]。

在其他各职能部门的 BOM 数据的编制与管理上，由于不同职能部门所使用的 BOM 文件的内容与形式多样化，特别是在产品的工艺编制阶段，工艺知识的复杂性、隐含性使得工艺 BOM 的生成更加难以标准化，因此，要推进其他 BOM 类文件的自动化生成、智能化管理，需要具有针对性地对各个部门相关领域的数据与知识特征进行分析研究。为了解决 BOM 种类多样化、形式难以转换的问题，战德臣等[182]通过将活动网络图与物料清单相结合的方法来实现物料清单与工艺清单的形式转换问题，然而更多地偏重于解决装配顺序上的研究，并未对工艺 BOM 中的工艺知识及工艺属性进行详细研究。徐天保等[183]通过工艺管理的物料清单映射技术，对工艺清单知识领域的工艺知识、工艺属性进行了研究，实现了工艺物料清单的映射转化，但是并未解决 BOM 文件结构多样性及其在异构系统中的传递共享问题。

　　为了解决 BOM 文件异构系统不兼容、知识难以传递共享问题，梁平等[184]针对 BOM 数据结构多样性问题并结合 XML 的特点，提出了基于 XML 的 BOM 数据存储模型，解决了产品 BOM 文件的异构不兼容问题，但是并未在 BOM 领域上结合工艺知识。钟艳如等[19]、郭春芬[37]以 OWL 本体表示技术对工艺知识进行了描述刻画，解决了工艺知识的异构传递和共享问题，只是并未与工艺 BOM 相结合。

　　"效率、成本、质量"一直以来都是工业工程永恒不变的追求。针对目前 BOM 文件在智能化及管理方面存在的不足和制约，本书运用产品数据管理及人工智能领域的本体知识库等相关理论技术，以工艺 BOM 为主要研究对象，研究工艺 BOM 领域知识库，利用网络本体语言（OWL）描述工艺 BOM 领域知识的结构化知识，运用语义网规则语言（SWRL）描述经验知识和约束条件，并构建基于本体的工艺 BOM 领域知识库，结合 PDM 技术实现产品 BOM 到工艺 BOM 的自动转换生成，结合科学有效的数据管理办法，实现 BOM 文件的高效管理。

6.2　工艺物料知识表示模型的设计

　　表示模型体现了自顶向下逐层细化的研究思路。通过对 BOM 文件的研究分析，将产品信息与工艺知识相结合，设计基于特征表面的工艺物料知识结构表示模型，模型将产品零件、加工表面、工艺知识和生产加工所需的生产资料进行关联，实现工艺 BOM 的本体构建。

　　表示模型的设计由 4 个层次构成，自上而下分别为产品结构层、加工表面层、加工工艺层、生产资料层，如图 6.1 所示。其中 A 为装配体，P_k 为零件，$k=1,2,\cdots,k$；$S_n(P_k)$ 为零件 P_k 的第 n 个加工特征表面，$n=1,2,\cdots,n$；同理 $m=1,2,\cdots,m$；$\text{Pr}\,S_{1-i}$

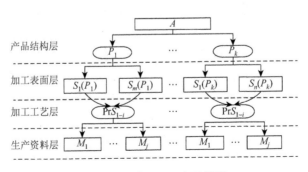

图 6.1　工艺 BOM 表示模型

为加工工艺，$i=1,2,\cdots,i$；M_j 为工艺加工的生产资料，$j=1,2,\cdots,j$。

通过装配体到零件的装配约束关系，零件加工特征表面加工工艺关系，以及零件工艺到加工所需生产资料的对应关系，将零部件信息、加工工艺信息与工艺生产资料信息相互连接，形成一个整体模型，进一步对工艺知识、工艺物料知识进行整合管理。

1. 产品结构层

表示模型的第一层是产品结构层，它主要表示产品层次结构及零件之间的装配约束关系，该层除了反映产品的结构关系，还主要承载着产品零件的主要设计信息，以及 BOM 中装配体及零件的基本属性，同时依据零部件的装配约束关系呈现产品的零部件结构树，产品结构层中装配体可以看作由一个或多个零件，按照一定的装配约束关系组成的集合，同时零件的材质、原材料的基本尺寸等都将为模型后面的加工工艺层及生产资料层的构建奠定基础。

零件自身信息包括设计零件的基本尺寸等，除此之外还有与其相关的物料属性，如层次号（level）、物料编号（material Number）、图号（drawing Number）、零件名称（part Name）、来源（source）、数量（amount）、材质（material）、备注（remarks）8 种，这些属性信息源于 BOM 文件，是对零件工艺知识及 BOM 知识进行本体描述的重要依据。

2. 加工表面层

表示模型的第二层是加工表面层，其主要作用在于分析零件所需加工的表面，是下一层加工工艺层的重要支柱。对零件进行工艺分析、确定零件加工工艺路线，除了需要考虑零件本身毛坯的材质、尺寸及现有生产条件，还需要考虑零件加工表面的形状类型及粗糙度、精度的要求，不同的加工特征表面能够采取不同的加工工艺方案，而精度的要求除了对工艺加工方式的影响，更多的是在是否考虑需要进行粗加工、半精加工和精加工上的划分。

在本书中借鉴 GPS 中对几何面的分类，即 GPS 中的七个恒定类如表 2.1 所示，任何几何体模型或每个零件都可以看作由数个特征表面围成的闭合几何体，这些特征几何面以其自由度及拟合导出要素划分为球面（Spherical）、圆柱面（Cylindrical）、平面（Planar）、螺旋面（Helical）、旋转面（Revolute）、棱柱面（Prismatic）、复杂面（Complex）。除了以上七种特征表面，在实际加工工艺分析中还需要考虑是否为实体加工，在实体的成形过程中，部分实体加工的工艺会有一定的差异，例如内孔的加工，在特征表面中可以将其划分为圆柱面的特征表面加工，但在工艺分析中若为实体加工，则必须优先进行钻孔工序。

3. 加工工艺层

表示模型的第三层是加工工艺层，表示零件生产加工工艺约束关系，对产品每个零件进行工艺分析，提取工艺约束关系，为最后零件加工时所需生产资料的调度统计做准备，同时加工工艺层也是构建实际生产的工艺类本体的基础。工艺知识管理虽然在早年就被提起，但是由于其工艺种类的复杂性，工艺知识领域存在大量的显性知识和隐性知识，加上企业的知识形式多样化，表达方式不统一、不规范，所以工艺知识共享困难。

为此在加工工艺七个恒定类的基础上，以零件的切削加工为主要研究对象，对常规的切削加工工艺知识进行归纳总结，如表 4.1 所示，通过表中关系约束简化工艺知识的复杂性，同时为之后的本体形式化描述、对相关领域知识的提取奠定基础。

在工艺分析工艺路线的确定中，除了需要考虑车间实际的生产加工条件和加工表面类型，还需要对加工表面的精度进行考虑，同样不同的加工表面类型也会有不同的加工精度要求，需要采取不同的加工策略，如表 6.1 所示，得出常用切削加工工艺与精度约束关系表，将加工工艺与加工精度相关联，为之后工艺知识的提取、工艺知识库的构建及知识推理奠定基础。

表 6.1　加工精度等级与工艺约束关系

IT / 加工		1~5	6	7	8	9	10	11	12	13	14~18
车削	粗							●	●		
	半精				●	●	●				
	精		●	●							
铣削	粗							●	●	●	
	半精				●	●	●				
	精		●	●							
刨削	粗							●	●	●	
	半精						●				
	精				●	●					
插削	粗							●	●	●	
	半精						●				
	精				●	●					

续表

IT 加工		1~5	6	7	8	9	10	11	12	13	14~18
磨削	精				●						
	精磨		●	●							
	研磨	●									
钻孔	精								●	●	
	扩					●	●	●			
铰孔				●	●						
镗削	粗							●	●	●	
	半精					●	●	●			
	精		●	●							
拉削				●	●	●					
切割		●									
齿/涡轮加工	粗					●	●	●	●		
	半精		●	●	●						
	精	●									
加工中心			●	●	●	●	●				
钳工						●	●	●	●	●	●

工艺约束关系中主要包含了我们在生产过程中所参与的工艺相关步骤及工艺知识，如毛坯清理（Blank Clean）、切削加工（Machining）、检验（Test）、装配（Assemble）等工艺步骤，以及在实际工艺中所采用的"其他加工"等步骤（如倒角、工件调转、工件装卸、特种加工等），在切削加工中主要涉及的常规加工方式有车削（Turning）、铣削（Milling）、刨削（Planing）、插削（Slotting）、磨削（Grinding）、钻孔（Drilling）、铰孔（Reaming）、镗削（Boring）、拉削（Broaching）、切割（Cutting）、齿/涡轮加工（Teeth/Turbine Machining）、加工中心（Machining Center）、钳工（Bench Worker）等。

4. 生产资料层

表示模型的最后一层为生产资料层。BOM 在企业的不同部门和产品的不同阶段具有不同的信息表示，建立不同 BOM 之间的逻辑联系和映射转换是制造企业实现协同设计、制造和管理的关键[185]。产品设计开发部门主要反映产品零件的名称、数量等产品属性，而在工艺设计部门所编制的工艺 BOM 更多反映的是产品工艺属性：工序号（processNumber）、工序名称（processName）、工序内容（content）、设备（device）、刀具（cutter）、夹具（tong）、量具（measuringTool）等。这些属性所反映的信息是表示模型的第四层——生产资料层所携带的。在分析了前三层的约束关系之后，提取各个零部件在加工生产过程中所涉及的生产资料，为之后工艺 BOM 的本体构建奠定基础。

6.3　工艺 BOM 本体的构建

6.3.1　本体的领域和范围的确定

工艺 BOM 的本体主要涉及两个领域的知识：一是物料清单领域的相关知识；二是产品工艺领域的相关知识。通过表示模型对这两个领域的知识进行收集、整理和归纳，将两个领域的知识相结合，从而为构建领域类本体奠定基础。通过表示模型获取构建本体领域知识后，将对本体的类及属性进行创建。

根据产品信息结合工艺知识，利用生产中积累的经验知识进行科学合理的管理，针对产品进行应用类本体的构建[4]，构建工艺 BOM 本体，以 OWL 文件承载产品在生产过程中所需的生产资料信息，并予以合理调度。通过对 BOM 的研究分析直接构建本体，在 OWL 文件中体现出生产产品所需的生产资料。例如，组成一个产品需要哪些零部件，这些零部件的生产需要调用哪些设备等，为了实现产品在生成过程中生产资料信息的传递，需要对本体提出一些能力上的问题。

（1）组成某个产品的零部件有哪些？零件之间关系及需求数量如何？

（2）零件自身都有哪些属性？如某零件的来源、材质、是否需要自己生产等。

（3）自制件的生产过程中需要调动哪些资源？

（4）在产品生命周期的不同阶段，零件间的相互关系是否需要重新调整？

（5）如何对构建本体文件需要的类进行定义？它们都有哪些特征属性？层次关系如何？

本体的实际应用场景和上述提出的能力上的问题，共同确定构建本体的目的及领域范围。

6.3.2　本体重复使用性及重要术语的确定

通过对信息知识的研究，确定本体的重复使用性及所需的重要术语。产品零件从设计到生产加工所经历的各个生命周期中，会涉及一系列不同的物料清单，如设计 BOM、工艺 BOM、生产 BOM 等，通过研究获得工艺 BOM 的模型。通过查阅文献资料发现，虽然在工艺知识管理的领域上已有不少人在进行研究，但是针对工艺 BOM 的本体构建尚未有太多的研究成果，且工艺类本体所涉及的工艺知识繁多，在涉及具体零件的加工生产时却只是使用到一部分。在将工艺类知识与 BOM 相结合的过程中，所构建的工艺 BOM 本体的类及属性也会有所差异，故没有现成的可供直接重复使用的本体知识。

　　构建本体过程中的重要术语列出如下：层次号、物料编号、图号、版本号、名称、数量、来源、材质、备注、联轴器、左半联轴器、右半联轴器、紧固件总成、垫圈、螺栓、螺母、工序号、工序内容、工装、刀具、夹具、量具、球面、圆柱面、平面、螺旋面、棱柱面、旋转面、复杂面、加工工艺、铸造清理、车削、铣削、刨削、插削、磨削、钻孔、铰孔、镗削、拉削、切割、齿/涡轮加工、加工中心、钳工、检验、装配、车床、钻床、工作台、刀具、车刀、镗刀、麻花钻、三爪卡盘、专用夹具、游标卡尺等。

6.3.3　类及属性的构建

　　通过表示模型对上述两个领域的知识进行了收集、整理和归纳，将两个领域的知识相结合，从而为构建领域类本体建立基础。通过表示模型获取本体领域知识后，将对本体的类及属性进行创建。经过分析研究把所有的类及其层次结构关系进行组织，其树状结构如图 6.2 所示，类的设置有如下三大部分。

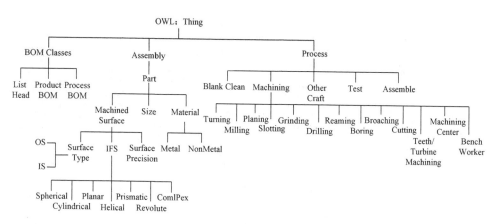

图 6.2　工艺 BOM 类及层次关系

　　（1）表示 BOM 基本信息的 BOM 类（BOM Classes），其下子类分别为：List Head（表头）、Product BOM（产品属性类）、Process BOM（工艺属性类）。

（2）表示产品零件信息相关的产品类，第一层为装配体（Assembly），第二层为 Part（零件），接着到第三层 Machined Surface（加工表面）、Size（加工面尺寸）及 Material（加工面材质），第四层中加工表面有子类 SurfaceType（表面类型）、IFS（ideal feature surfaces，理想特征表面）、Surface Precision（表面精度），加工面材质下有子类 Metal（金属）、NonMetal（非金属），第五层中表面类型之下分为两个子类 OS（OuterSurface，外表面）和 IS（InnerSurface，内表面），在理想特征表面类之下有 GPS 中七个恒定类的特征表面作为子类，即 Spherical（球面）、Cylindrical（圆柱面）、Planar（平面）、Helical（螺旋面）、Prismatic（棱柱面）、Revolute（旋转面）、Complex（复杂面）。

（3）工艺类（Process）是与生产工艺相关的类，其下子类包括 Blank Clean（毛坯清理）、Machining（切削加工）、Other Craft（其他加工）、Test（检验）、Assemble（装配），在切削加工中包含子类：Turning（车削）、Milling（铣削）、Planing（刨削）、Slotting（插削）、Grinding（磨削）、Drilling（钻孔）、Reaming（铰孔）、Boring（镗削）、Broaching（拉削）、Cutting（切割）、Teeth/Turbine Machining（齿/涡轮加工）、Machining Center（加工中心）、Bench Worker（钳工）。

BOM 领域知识与工艺领域知识相结合进行本体构建的过程中，无论产品自身物料信息，还是工艺上所涉及的物料内容，都会在软件界面中以属性栏中内容信息的方式清晰呈现，便于工作人员的查阅、修改。构建的本体属性分为两大类，即用来表示类中二元关系的对象属性（Object Properties），以及用来表示一个类固有特性的数据属性（Data Properties），在本体中所涉及的属性关系、层次结构及含义如图 6.3 所示。

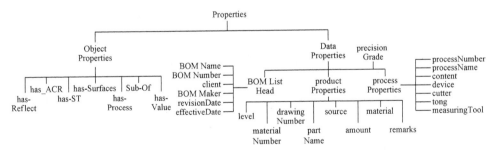

图 6.3　工艺 BOM 属性及层次关系

在对象属性中：has-Reflect 表示反映关系，即 BOM 反映产品或工艺相关属性信息；has_ACR 表示具有零件间装配约束关系；has-ST 表示具有表面类型；has-Surfaces 表示零件具有加工表面或零件与实际表面的构成关系；has-Process 表示具有工艺关系；Sub-Of 表示具有子类或子属性；has-Value 表示具有对象值。

数据属性中分为如下 4 个部分。

（1）BOM List Head（BOM 表头）显示 BOM 表格的表头信息，包括的属性信息有：BOM Name（BOM 名）、BOM Number（BOM 数量）、client（客户）、BOM Maker（编制人员）、revisionDate（修订日期）、effectiveDate（有效日期）。

（2）product Properties（产品属性）主要显示了产品 BOM 中的基本产品信息，包括的属性信息有：level（层次）、material Number（物料编号）、drawing Number（图号）、part Name（零件名）、source（来源）、amount（数量）、material（材质）、remarks（备注）。

（3）process Properties（工艺属性）主要显示了工艺 BOM 中最主要的工艺物料信息，包括的属性信息有：processNumber（工序号）、processName（工序名称）、content（工序内容）、device（设备）、cutter（刀具）、tong（夹具）、measuringTool（量具）。

（4）precision Grade（精度等级）辅助确定工艺步骤及工艺物料的属性信息。

6.3.4　属性限制定义域及值域

根据 6.3.3 节工艺 BOM 表示模型及之前类与属性的关系，对属性进行一些限制和约束，即定义属性的定义域及值域。属性的定义域及值域如表 6.2 所示。

表 6.2　属性的定义域和值域

属性名	定义域	值域	属性名	定义域	值域
has-part	Coupler	Coupler	has-Process	processing	Coupler
level	int	Coupler	processNumber	int	processing
Material Number	int	Coupler	processName	string	processing
Drawing Number	int	Coupler	content	string	processing
name	string	Coupler	tooling	string	processing
amount	int	Coupler	cutter	string	processing
source	string	Coupler	fixture	string	processing
material	string	Coupler	measuringTool	string	processing
remarks	string	Coupler			

6.3.5　工艺 BOM 本体元模型

在对属性进行了定义域和值域的限定之后，即完成了领域类本体的构建，最后依据设定的类与属性及其约束关系，得到基于 OWL 的工艺 BOM 本体元模型，如图 6.4 所示。

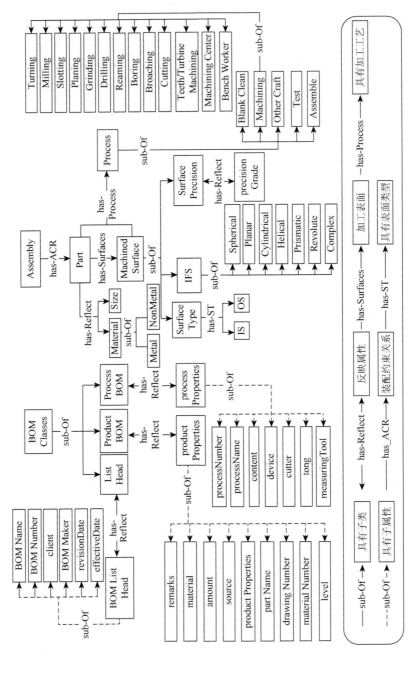

图 6.4 基于 OWL 的工艺 BOM 本体元模型

6.4　领域知识的 SWRL 表示

6.3 节针对工艺 BOM 的本体构建问题进行了研究。通过设计工艺 BOM 表示模型将工艺领域知识与 BOM 领域知识相结合，然后通过引入本体技术，首先对领域中结构化知识进行了类与属性的定义,然后建立了基于 OWL 的工艺 BOM 本体元模型。但是由于 OWL 所描述的仅是一些结构化的知识，对知识领域内既定规则、专家经验、工厂实际情况等更具体的信息，本体并不能完全表示，然而这些约束化知识是实现工艺 BOM 信息转化生成的重要条件。于是便需要通过 SWRL 来对这些约束化知识进行刻画。

W3C 为了表示约束化知识，而开发了 SWRL，直接对本体知识进行描述，是知识库知识推理的重要组成部分，工艺 BOM 领域知识的约束转化及工艺经验与工艺物料知识都可以用 SWRL 直接描述。

6.4.1　工艺信息的参考因素

要实现约束化知识到 SWRL 规则的转化，首先要对所研究领域的相应约束化知识进行分析。工艺知识是制造企业核心竞争力的一部分，而结合了长年的设计生产经验及工厂实际生产状况的知识，才是一个制造业企业最宝贵的财富。而工艺知识具有极强的复杂性、隐含性等特点，导致工艺编排的困难，企业中若要开发新产品，其工艺步骤的编排必须由专门的工艺工程师进行编写，以保证工艺卡的正确合理。但是这样的知识具有较强的针对性，针对某个车间工厂或企业，是在不同的生产环境下结合先进理论总结形成的知识，并不能形成行业标准而写成教科书，这对工艺知识的管理带来了极大的不便。另外，这样的经验知识很难传承，大多都是帮带式传承，由师傅带徒弟的模式进行知识传递，当遇到突发的人事变动时，这样的知识也很容易出现断层。相对于工艺编排，工艺物料知识虽然没有那么强的复杂性，但具有更强的实际针对性，需要更多地考虑实际生产状况，即对专家经验具有更强的依赖性。

针对这样的问题，通过将工程师在实际操作中所掌握的经验知识进行重新编码，并把这些编码后的约束化知识通过语义网规则语言（SWRL）转化为约束规则，便可以储存在本体知识库中，实现对知识的智能管理，并且还可以通过相应的规则进行知识推理，推进知识的智能共享与传递。

选择相应的工装设备一般有两点，即遵循既定的规则，如《机械工程及自动化简明设计手册》《机械制造工艺设计手册》《机床夹具设计手册》《专用机床设备设计》[186-189]等行业中的规则，以及生产车间的实际情况。

通过对设计手册和工艺手册等文献进行了综合分析，对工装设备的选择总结了以下几点需要考虑的因素。

（1）机床的选择。在待加工的零件工艺要求中，最主要的因素便是零件的结构尺寸、精度要求及加工范围。相对应的，机床选择便有以下 3 点因素：

①在机型选择中，应在满足加工工艺要求的前提下越简单越好；

②所需加工的工件精度等级要求会对机床的选择有所影响；

③一般情况下，加工工件的轮廓尺寸应在机床的加工空间范围之内。

（2）刀具的选择。刀具选择是零件加工中最重要的环节之一，影响刀具选择的因素有以下几点：

①生产性质，指的是零件的批量大小；

②工件的材料及外形也影响刀具类型和规格的选择；

③加工精度也会影响对加工刀具的类型和结构形状的选择。

（3）夹具的选择。夹具的选择需要考虑以下几点：

①尽量选用通用夹具，尽可能选用常规的可调整夹具及其他的组合夹具，如车床上的三爪卡盘和四爪卡盘，铣床的平口钳、分度头等，避免采用专用夹具，以缩短生产准备时间；

②力求设计、工艺与编程计算的基准统一，这样有利于提高编程时数值计算的简便性和精确性。

（4）量具的选择。常用的量具有量块、百分表、游标卡尺、千分尺等。在量具的选择上一般只需要符合待测工件的测量尺寸、测量精度就好，一般优先选择通用常规的量具，如游标卡尺等。

除了在各种手册中推荐的这些选择工装设备的参考因素，最佳的工装设备的选择方案往往都储存在工程师的头脑中。在推理规则的设计中，综合上述内容再结合 6.2 节所构建的表示模型可知，工装设备的选择因素主要包括：工件的毛坯尺寸及材质、待加工面的特征表面形状、待加工面是工件的内表面还是外表面、工件加工面的精度及结合了实际生产情况的专家经验知识等因素。

在工艺物料的实际选择中，将通过 SWRL 规则对工程师头脑里的专家经验知识及相应领域中的约束化规则进行描述，把现有传统 BOM 文件进行本体转换，通过本体知识库推理，实现工艺 BOM 信息的自动生成。

6.4.2　SWRL 规则符号意义

在 SWRL 中，前件和后件均由原子公式组成，会出现一些常用的规则符号，做如下简单说明。

（1）类名。形如 Part（?y）、Planar（?z）、OS（?v）等，其中 Part、Planar、

OS 表示 OWL 的类名，y、z、v 为对应 OWL 类中的个体名，前缀以问号"?"的符号标记。

（2）属性名。在形如 has-Process（?y，?z）等这样的公式中，has-Process 表示 OWL 中的属性名，其中的 y、z 为变量名、OWL 个体名或 OWL 数据值，前缀以问号"?"的符号标记。

（3）合取。在规则中还有"∧"，表示两个原子以合取的关系存在。

（4）蕴含。蕴含符号为"→"，该符号表示如果前件成立，则可得出后件即推理结果，例如，"p→q"即可简单理解为"如果 p，那么 q"。

（5）赋值。在规则还中会出现 processNumber（?x，"1"）这样的原子，其中的""表示将符号中的数值或字符串赋予个体 x 中的 processNumber 属性。

（6）调用 SWRL 核心规则。往往会出现这样的规则：Person（?p）∧hasAge（?p，?age）∧SWRLb: greaterThan（?age，18）→Adult（?p），表示年龄大于 18 岁的则为成年人，其中，"SWRLb:"则表示调用 SWRL 中的核心规则"greaterThan"进行比较判断。

6.4.3　SWRL 规则表示

基于工程师头脑中的专家知识、既定规则梳理出来的选择因素及知识领域结合设计的表示模型编写了用于工装设备选择、工艺物料信息推理的 SWRL 规则，这些规则在设计出模板之后，可以充分发挥本体的知识重复使用性，当遇到同一类型的需求时不用再重新设计，必要时只需稍加修改数值，编写简单，其中以几条典型规则为例，分别应用在处理"毛坯清理、车削、钻孔、镗孔、装配、检验"等工艺步骤上，做以下展示。

规则 6.4.1　Process_BOM（?x）∧Part（?y）∧has-Reflect（?x，?y）∧Metal（?w）∧has-Reflect（?y，?w）∧Size（?u）∧has-Value（?u，?a）∧SWRLb: lessThan（?u，"500"）∧BlankClean（?z）∧has-Process（?y，?z）→processNumber（?x，"1"）∧processName（?x，"BlankClean"）∧device（?x，"Stage"）∧cutter（?x，"0"）∧tong（?x，"0"）∧measuringTool（?x，"1"）∧content（?x，"0"）。

规则 6.4.1 说明　工艺 BOM 类反映零件工艺属性，判断零件材质为金属，待加工尺寸值小于"500"，该零件采用"毛坯清理"工艺，分别生成工艺序号"1"、工艺名称"BlankClean"、工艺设备类型"Stage"、刀具类型"0"、夹具类型"0"、量具类型"1"、工艺内容"0"等，将属性值返回给工艺 BOM 类中个体 Process_BOM 类对应个体的属性栏里。

规则 6.4.2　Process_BOM（?x）∧Part（?y）∧has-Reflect（?x，?y）∧Planar（?z）∧has-Surfaces（?y，?z）∧OS（?v）∧has-Reflect（?z，?v）∧Surface_Precision

（?w）∧has-Reflect（?y，?w）∧precisionGrade（?w，?T）∧SWRLb：greaterThan（?T，"10"）∧SWRLb：lessThan（?T，"13"）∧Turning（?q）∧has-Process（?z，?q）→processNumber（?x，"2"）∧processName（?x，"Turning"）∧device（?x，"CA6140horizontal lathe"）∧cutter（?x，"P10external turning tool"）∧tong（?x，"Three-jaw chuck"）∧measuringTool（?x，"Vernier caliper"）∧content（?x，"0"）。

规则 6.4.2 说明　工艺 BOM 类反映零件工艺属性，该零件特征表面为平面，表面类型为外表面，精度要求为"IT6～IT12"，采用"车削"工艺，则生成工艺序号"2"、工艺名称"Turning"、工艺设备类型"CA6140horizontal lathe"、刀具类型"P10external turning tool"、夹具类型"Three-jaw chuck"、量具类型"Vernier caliper"、工艺内容"0"等，将属性值返回给工艺 BOM 类中个体 Process_BOM 类对应个体的属性栏里。

规则 6.4.3　Process_BOM（?x）∧Part（?y）∧has-Reflect（?x，?y）∧Cylindrical（?z）∧has-Surfaces（?y，?z）∧IS（?v）∧has-ST（?z，?v）∧Surface_Precision（?w）∧precisionGrade（?w，?T）∧SWRLb：greaterThan（?T，"12"）∧SWRLb：lessThan（?T，"13"）∧Drilling（?u）∧has-Process（?z，?u）→processNumber（?x，"3"）∧processName（?x，"Drilling"）∧device（?x，"CA6140horizontal lathe"）∧cutter（?x，"Φ40&Φ78twist drill"）∧tong（?x，"Three-jaw chuck"）∧measuringTool（?x，"Vernier caliper"）∧content（?x，"0"）。

规则 6.4.3 说明　工艺 BOM 类反映零件工艺属性，该零件特征表面为圆柱面，表面类型为内表面，精度要求为"IT6～IT12"，采用"钻孔"工艺，则分别生成工艺序号"3"、工艺名称"Drilling"、工艺设备类型"CA6140horizontal lathe"、刀具类型"Φ40&Φ78twist drill"、夹具类型"Three-jaw chuck"、量具类型"Vernier caliper"、工艺内容"0"等，将属性值返回给工艺 BOM 类中个体 Process_ BOM 类对应个体的属性栏里。

规则 6.4.4　Process_BOM（?x）∧Part（?y）∧has-Reflect（?x，?y）∧Cylindrical（?z）∧has-Surfaces（?y，?z）∧IS（?v）∧has-ST（?z，?v）∧Surface_Precision（?w）∧precisionGrade（?w，?T）∧SWRLb：greaterThan（?T，"12"）∧SWRLb：lessThan（?T，"13"）∧Boring（?u）∧has-Process（?z，?u）→processNumber（?x，"4"）∧processName（?x，"Boring"）∧device（?x，"CA6140horizontal lathe"）∧cutter（?x，"Single blade boring cutter"）∧tong（?x，"Three-jaw chuck"）∧measuringTool（?x，"Vernier caliper "）∧content（?x，"0"）。

规则 6.4.4 说明　工艺 BOM 类反映零件工艺属性，该零件特征表面为圆柱面，表面类型为内表面，精度要求为"IT6～IT12"，采用"镗孔"工艺，则分别生成工艺序号"4"、工艺名称"Boring"、工艺设备类型"CA6140horizontal lathe"、刀具类型"Single blade boring cutter"、夹具类型"Three-jaw chuck"、量具类型"Vernier caliper"、工艺内容 "0" 等，将属性值返回给工艺 BOM 类中个体 Process_BOM 类对应个体的属性栏里。

规则 6.4.5　Process_BOM（?x）∧Part（?y）∧Assemble（?z）∧has-Reflect（?x，?y）∧has-Process（?y，?z）→processNumber（?x，"5"）∧processName（?x，"Assemble"）∧device（?x，"Stage"）∧cutter（?x，"0"）∧tong（?x，"0"）∧measuringTool（?x，"0"）∧content（?x，"0"）.

规则 6.4.5 说明　工艺 BOM 类反映零件工艺属性，该零件采用"装配"工艺，分别生成工艺序号"5"、工艺名称"Assemble"、工艺设备类型"Stage"、刀具类型"0"、夹具类型"0"、量具类型"0"、工艺内容"0"等，将属性值返回给工艺 BOM 类中个体 Process_BOM 类对应个体的属性栏里。

规则 6.4.6　Process_BOM（?x）∧Part（?y）∧Test（?z）∧has-Reflect（?x，?y）∧has-Process（?y，?z）→processNumber（?x，"6"）∧processName（?x，"Test"）∧device（?x，"Stage"）∧cutter（?x，"0"）∧tong（?x，"0"）∧measuringTool（?x，"0"）∧content（?x，"0"）.

规则 6.4.6 说明　工艺 BOM 类反映零件工艺属性，该零件采用"检验"工艺，分别生成工艺序号"6"、工艺名称"Test"、工艺设备类型"Stage"、刀具类型"0"、夹具类型"0"、量具类型"0"、工艺内容"0"等，将属性值返回给工艺 BOM 类中个体 Process_BOM 类对应个体的属性栏里。

6.5　知识库系统

在知识库的构建中，SWRL 并非是一种能够被计算机直接使用的规则描述语言。实现智能推理还需要借助相应的推理引擎，需要将基于 OWL 的结构化知识和基于 SWRL 的约束化知识转化为推理引擎所能识别的和处理的规则，因此在知识库系统的推理过程中将采用 Jess 推理引擎，实现工艺 BOM 及相关物料知识信息的自动生成和推理。

基于 Jess 推理引擎，设计工艺 BOM 的知识库系统底层框架，与 CAD/CAPP/ERP/PDM 等系统采用集成模式，如图 6.5 所示。为了保证工艺 BOM 及物料信息在系统间保持顺畅传递，知识库系统独立于三维造型平台。其系统模块主要由三个部分构成，如下所述。

（1）将结构化知识转换为 Jess 事实的 OWL2Jess 转换器。

（2）将约束化知识转换为 Jess 规则的 SWRL2Jess 转换器。

（3）实现知识推理的 Jess 推理引擎。

知识库系统首先以承载了 BOM 信息及工艺知识与相关经验的断言公式

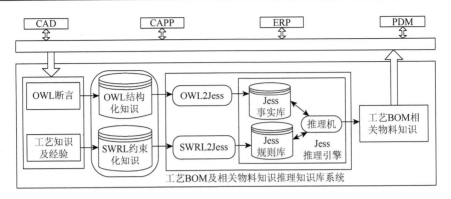

图 6.5　工艺 BOM 本体知识库系统底层框架

集作为输入，在构建了 OWL 结构化知识及 SWRL 约束化知识之后，通过 OWL2Jess 转换器和 SWRL2Jess 转换器，将 OWL 本体与 SWRL 规则转化为 Jess 事实与 Jess 规则，最后通过 Jess 推理机对 Jess 事实和 Jess 规则的前件进行推理匹配，生成相应的推理结果，将推理的工艺 BOM 相关物料知识传递给三维造型平台及各产品相关系统，实现知识的传递共享。

6.6　实　例　研　究

6.6.1　联轴器相关信息

在本书的研究中，通过实际的调研进行信息采集，获得了某企业生产联轴器产品的设计图纸及所使用的产品 BOM、工艺 BOM，以及相应的工艺卡片，将其作为本书的研究实例及构建本体的重要材料，在构建领域本体的基础上，对现有传统 BOM 文件进行本体转换，通过 SWRL 规则描述其中的约束化知识，然后在 Protégé 软件中构建本体，通过规则自动推理出相应的工艺物料信息。本书以联轴器为实例，提取设计文档信息如图 6.6 所示，该产品由左、右半联轴器和四组紧固件（螺栓、螺母、垫圈）组成。

产品 BOM 主要承载了产品的基本属性，如名称、数量、来源、材质及图号、物料编号等信息，同时还包含了每个零部件所在的产品装配层次，即体现产品结构树。

在完成了产品的设计及产品 BOM 的编制之后，便需要依据实际生产加工情况对产品进行工艺编制，并制作出能够指导实际生产的工艺卡片，在研究过程中对获得的工艺卡片信息进行提取，如表 6.3 所示。

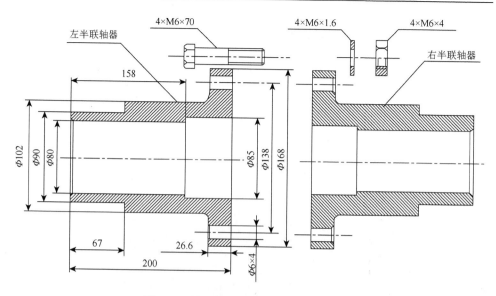

图 6.6　联轴器产品示意图（单位：mm）

表 6.3　工艺卡片工艺信息

工序名称	工序内容
装配	
铸造、清理	留径向双边余量 2.5mm，轴向单边 2mm
粗车右端面	用三爪卡盘夹 Φ102mm 外圆，车 Φ168mm 右端面
粗车外圆	车 Φ168mm 外圆表面至 Φ168mm
车床钻孔	第一次钻 Φ80mm 的孔至 Φ40mm；第二次钻至 Φ78mm
镗孔	粗镗 Φ80mm 的孔至 Φ79.7mm，留半精镗余量 0.23mm
	粗镗 Φ80mm 的孔至 Φ85mm，深 42mm
倒角	倒孔角 1mm×45°，Φ80mm 一处
半精镗	半精镗 Φ79.7mm 的孔至 Φ79.93mm，留精镗余量 0.07
精镗	精镗 Φ79.9mm 的孔至 $\Phi80_0^{+0.025}$ mm
调头	调头
粗车左端面	用三爪卡盘夹 Φ168mm 外圆表面，粗车零件左端面，保证联轴器总长 200mm
粗车外圆	粗车外圆 Φ168mm 左端面，保证外圆 Φ168mm 尺寸 26.6mm
	粗车 Φ102mm 的外圆表面至 Φ102mm，长 173.3mm
	粗车 Φ90mm 的外圆表面至 Φ90mm，长 67mm
钻孔	钻 4-Φ7mm 的孔保证位置 Φ138mm±0.2mm

续表

工序名称	工序内容
倒角	倒孔角 1mm×45°，Φ7mm 四处
检验	
铸造、清理	留径向双边余量 2.5mm，轴向单边 2mm
粗车右端面	用三爪卡盘夹 Φ107mm 外圆，车 Φ168mm 右端面
粗车外圆	车 Φ168mm 外圆表面至 Φ168mm
钻孔	第一次钻 Φ70mm 的孔至 Φ40mm；第二次钻至 Φ68mm
镗孔	粗镗 Φ70mm 的孔至 Φ69.7mm，留半精镗余量 0.23mm
	粗镗 Φ74mm 孔至 Φ74mm，深 45mm
倒角	倒孔角 1mm×45°，Φ70mm 一处
半精镗	半精镗 Φ69.7mm 的孔至 Φ69.93mm，留精镗余量 0.07mm
精镗	精镗 Φ69.93mm 的孔至 $\Phi70_0^{+0.025}$ mm
调头	调头
粗车左端面	用三爪卡盘夹 Φ168mm 外圆表面，粗车零件左端面，保证联轴器总长 155mm
粗车外圆	粗车外圆 Φ168mm 左端面，保证外圆 Φ168mm 尺寸 26.6mm
	粗车 Φ107mm 的外圆表面至 Φ107mm，长 128.4mm
	粗车 Φ88mm 的外圆表面至 Φ88mm，长 64mm
钻孔	钻 4-Φ7mm 的孔保证位置 Φ138mm±0.2mm
倒角	倒角孔 1mm×45°，Φ7mm 四处
检验	
装配	
装配	
装配	
装配	

　　作为企业信息的纽带，工艺 BOM 往往是在工艺路线确定之后编制，工艺 BOM 除了承载有基本的产品属性信息，还包括每一步加工的工序号、工序名称、工装、刀具型号、夹具、量具等物料信息，如表 6.4 所示。

表 6.4 联轴器产品工艺 BOM

产品名称 层次号	联轴器 物料编号	图号	BOM 编号 零件名称	数量	来源 100	编制 材质	A 备注	客户 工序号	B 工序名称	修订日期 工装	2016.3.1 刀具型号	有效日期 夹具	2017.7.1 量具
2	10031001	1001	左半联轴器 1	1	自制	45#钢		1	铸造、清理	工作台			
2	10031001	1001	左半联轴器 2	1	自制	45#钢		2	粗车右端面	CA6140 卧式车床	P10 外圆车刀	三爪卡盘	游标卡尺
2	10031001	1001	左半联轴器 3	1	自制	45#钢		3	粗车外圆	CA6140 卧式车床	P10 外圆车刀	三爪卡盘	游标卡尺
2	10031001	1001	左半联轴器 4	1	自制	45#钢		4	车床钻孔	CA6140 卧式车床	Φ40mm 和 Φ78mm 锥柄麻花钻	三爪卡盘	游标卡尺
2	10031001	1001	左半联轴器 5	1	自制	45#钢		5	镗孔	CA6140 卧式车床	单刃镗刀	三爪卡盘	游标卡尺
2	10031001	1001	左半联轴器 6	1	自制	45#钢		6	倒角	CA6140 卧式车床	单刃镗刀	三爪卡盘	游标卡尺
2	10031001	1001	左半联轴器 7	1	自制	45#钢		7	半精镗	CA6140 卧式车床	单刃镗刀	三爪卡盘	游标卡尺
2	10031001	1001	左半联轴器 8	1	自制	45#钢		8	精镗	CA6140 卧式车床	单刃镗刀	三爪卡盘	游标卡尺
2	10031001	1001	左半联轴器 9	1	自制	45#钢		9	调头		单刃镗刀	三爪卡盘	游标卡尺
2	10031001	1001	左半联轴器 10	1	自制	45#钢		10	粗车左端面	CA6140 卧式车床	P10 外圆车刀	三爪卡盘	游标卡尺

续表

产品名称 联轴器			BOM编号	100	编制	A	客户	B	修订日期	2016.3.1	有效日期	2017.7.1
层次号	物料编号	图号	零件名称	数量	来源	材质	备注	工序号	工序名称	工装	刀具型号	夹具	量具
2	10031001	1001	左半联轴器11	1	自制	45#钢		11	粗车外圆	CA6140卧式车床	P10外圆车刀	三爪卡盘	游标卡尺
2	10031001	1001								CA6140卧式车床	P10外圆车刀	三爪卡盘	游标卡尺
2	10031001	1001								CA6140卧式车床			游标卡尺
2	10031001	1001	左半联轴器12	1	自制	45#钢		12	钻孔	Z535立式钻床	Φ7mm锥柄麻花钻	钻床专用夹具	游标卡尺
2	10031001	1001	左半联轴器13	1	自制	45#钢		13	倒角	Z535立式钻床	倒角刀	钻床专用夹具	
2	10031001	1001	左半联轴器14	1	自制	45#钢		14	检验、清理	工作台			
2	10031002	1002	右半联轴器1	1	自制	45#钢		15	铸造、清理	工作台			游标卡尺
2	10031002	1002	右半联轴器2	1	自制	45#钢		16	粗车右端面	CA6140卧式车床	P10外圆车刀	三爪卡盘	游标卡尺
2	10031002	1002	右半联轴器3	1	自制	45#钢		17	粗车外圆	CA6140卧式车床	P10外圆车刀	三爪卡盘	游标卡尺
2	10031002	1002	右半联轴器4	1	自制	45#钢		18	钻孔	CA6140卧式车床	Φ40mm 和 Φ68mm锥柄麻花钻	三爪卡盘	游标卡尺
2	10031002	1002	右半联轴器5	1	自制	45#钢		19	镗孔	CA6140卧式车床	单刃镗刀	三爪卡盘	游标卡尺
2	10031002	1002								CA6140卧式车床	单刃镗刀	三爪卡盘	游标卡尺
2	10031002	1002	右半联轴器6	1	自制	45#钢		20	倒角	CA6140卧式车床			游标卡尺

续表

产品名称 层次号	联轴器 物料编号	图号	BOM编号 零件名称	100 数量	来源	编制 材质	A 备注	客户 工序号	B 工序名称	修订日期 工装	2016.3.1 刀具型号	有效日期 夹具	2017.7.1 量具
2	10031002	1002	右半联轴器 7	1	自制	45#钢		21	半精镗	CA6140 卧式车床	单刃镗刀	三爪卡盘	游标卡尺
2	10031002	1002	右半联轴器 8	1	自制	45#钢		22	精镗	CA6140 卧式车床	单刃镗刀	三爪卡盘	游标卡尺
2	10031002	1002	右半联轴器 9	1	自制	45#钢		23	调头	CA6140 卧式车床			
2	10031002	1002	右半联轴器 10	1	自制	45#钢		24	粗车左端面	CA6140 卧式车床	P10 外圆车刀	三爪卡盘	游标卡尺
2	10031002	1002								CA6140 卧式车床	P10 外圆车刀	三爪卡盘	游标卡尺
2	10031002	1002	右半联轴器 11	1	自制	45#钢		25	粗车外圆	CA6140 卧式车床	P10 外圆车刀	三爪卡盘	游标卡尺
2	10031002	1002								CA6140 卧式车床	P10 外圆车刀		
2	10031002	1002	右半联轴器 12	1	自制	45#钢		26	钻孔	Z535 立式钻床	Φ7mm 锥柄麻花钻	钻床专用夹具	游标卡尺
2	10031002	1002	右半联轴器 13	1	自制	45#钢		27	倒角	Z535 立式钻床	倒角刀（Countersink）	钻床专用夹具	
2	10031002	1002	右半联轴器 14	1	自制	45#钢		28	检验	工作台			
2	10031020	1020	紧固件总成	4	外购			29	装配	工作台			
3	10031021	1021	铰制孔螺栓	4	标准件		GB/T 27—2013 M6×10	30	装配	工作台			
3	10031022	1022	六角薄螺母	4	标准件		GB/T 6172.1—2016 M6	31	装配	工作台			
3	10031023	1023	垫圈	4	标准件		GB/T 848—2002 M6A 级	32	装配	工作台			

6.6.2　Protégé 应用实例

在获取了研究所需要的实例材料之后，其具体实例的应用过程有以下几个步骤。

首先，根据第 3 章所述内容，在 Protégé 软件中构建相应知识领域的本体，以表示模型及本体元模型为主要依据，在软件中创建工艺 BOM 本体 OWL 类，如图 6.7（a）和（b）所示。

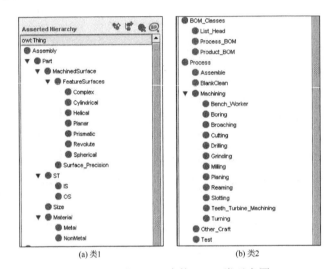

图 6.7　工艺 BOM 本体 OWL 类示意图

在此基础上，添加类与类之间的层级关系，如图 6.8 所示，即可得到本体元模型中类与类之间的层次关系，通过调用 OWL Viz 插件，可以清晰地查看所有类之间的层次关系，如图 6.9 所示。

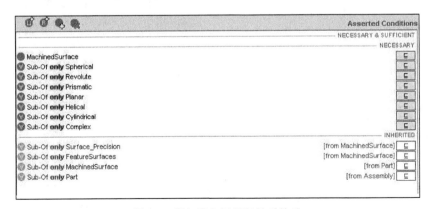

图 6.8　类与类之间层级关系构建

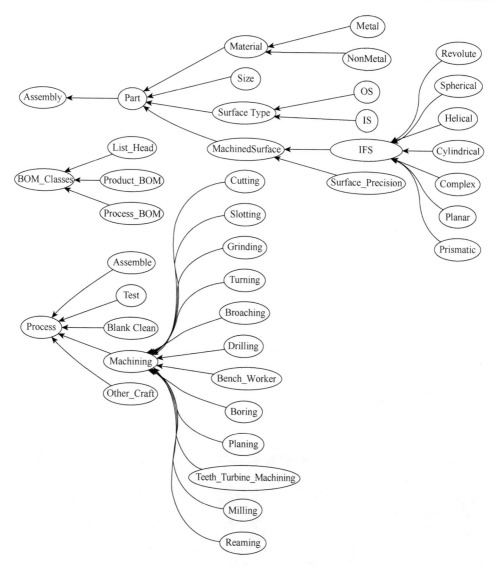

图 6.9　类层次结构 OWL Viz 图

依据本体元模型构建类与类之间的二元关系（对象属性），以及类本身所具有的性质（数据属性），在添加了类及相应属性之后对其设定定义域及值域，图 6.10（a）为对象属性，图 6.10（b）为数据属性。

接着需要构建本体的实例，如图 6.11（a）～（c）所示，分别为表头 OWL 个体、工艺 BOM 个体、产品 BOM 个体。

(a) 对象属性

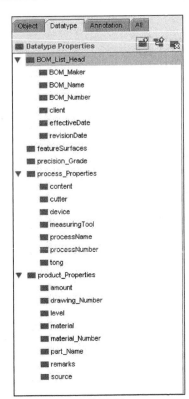

(b) 数据属性

图 6.10 OWL 本体属性示意图

(a) 表头OWL个体图

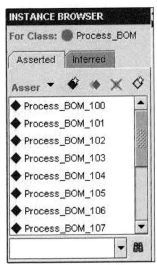

(b) 工艺BOM个体图

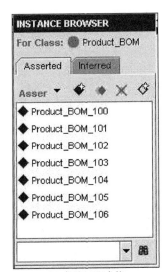

(c) 产品BOM个体

图 6.11 实例个体示意图

传统 BOM 信息主要体现在 OWL 个体所携带的属性信息上,图 6.12 为 BOM_Classes 中联轴器实例个体 BOM_List_Head 属性的内容展示,在属性栏中主要承载了联轴器 BOM 的表头信息,如 BOM 名称"CouplingBOM100"、BOM 编制者"A"、用户"B"、BOM 编号、有效日期等,以方便 PDM 系统对 BOM 文件进行检索及管理。

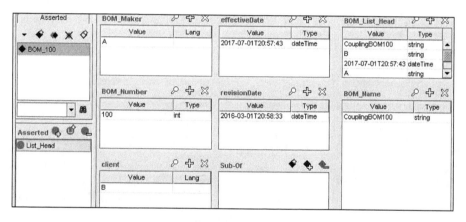

图 6.12　联轴器 BOM_List_Head

同样,联轴器产品 BOM 中的物料编号、物料名称、产品名称、数量、图号等相关信息,会相应清晰地呈现在 BOM_Classes 类之下的 Product_BOM 中,在 level 中会显示此零部件在产品结构层中所处的层次,而且在"Sub-Of"属性栏中会显示出该件的子零部件,以体现产品结构层次,如图 6.13 所示。Process_BOM 中的工艺物料信息将会采用 Jess 推理机依据约束化规则进行推理,从而实现 Process_BOM 工艺物料信息的自动生成。

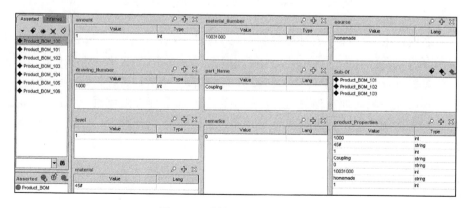

图 6.13　联轴器 Product_BOM

6.6.3　OWL 编码展示

最终在 Protégé 中会生成一份 OWL 格式的文件，BOM 的信息在文件中以 OWL 数据的形式表示，图 6.14（a）为 BOM 表头"List_Head"的部分 OWL 编码，从中可轻易读出客户、编制日期、有效日期等 BOM 表头所携带的信息，图 6.14（b）为"Product_BOM"的部分 OWL 编码，可以清晰看出 Product_BOM 中携带的主要信息，如数量、零件名称、物料编号等。

```
<List_Head rdf:about="#/BOM_100">
    <client
rdf:datatype="http://www.w3.org/2001/XMLSchema#
string"> B</client>
    <effectiveDate
rdf:datatype="http://www.w3.org/2001/XMLSchema#
dateTime">2017-07-01T20:57:43</effectiveDate>
    <revisionDate
rdf:datatype="http://www.w3.org/2001/XMLSchema#
dateTime">2016-03-01T20:58:33</revisionDate>
    <BOM_Number
rdf:datatype="http://www.w3.org/2001/XMLSchema#
int">100</BOM_Number>
    <BOM_Name
rdf:datatype="http://www.w3.org/2001/XMLSchema#
string">CouplingBOM100</BOM_Name>
    <BOM_Maker
rdf:datatype="http://www.w3.org/2001/XMLSchema#
string">A</BOM_Maker>
```

（a）List_Head 部分 OWL 编码

```
<Product_BOM rdf:ID="Product_BOM_101">
    <level
rdf:datatype="http://www.w3.org/2001/XMLSchema#
int">2</level>
    <material_Number
rdf:datatype="http://www.w3.org/2001/XMLSchema#
int">10031001</material_Number>
    <amount
rdf:datatype="http://www.w3.org/2001/XMLSchema#
int">1</amount>
    <source
rdf:datatype="http://www.w3.org/2001/XMLSchema#
string">homemade</source>
    <part_Name
rdf:datatype="http://www.w3.org/2001/XMLSchema#
string">LCouliping</part_Name>
    <material
rdf:datatype="http://www.w3.org/2001/XMLSchema#
string">45#</material>
    <drawing_Number
rdf:datatype="http://www.w3.org/2001/XMLSchema#
int">1001</drawing_Number>
    <remarks
rdf:datatype="http://www.w3.org/2001/XMLSchema#
string">0</remarks>
</Product_BOM>
```

（b）Product_BOM 部分 OWL 编码

图 6.14　BOM 信息 OWL RDF/XML 编码展示

之所以采用这种方式对 BOM 文件进行刻画描述，是因为传统 BOM 文件是面向客户或者说是面向使用者进行描述的，而本体构建的 BOM 文件主要是面向计算机进行开发的，与传统的 BOM 文件相比，OWL 文件格式能被计算机直接识别读取，轻易地对信息进行维护、存取，而且非专业编程人员同样能轻易理解其表达的含义，这就极大地促进了产品物料信息在跨部门、跨系统间顺畅地传递，以及知识的有效共享。

6.6.4　实例 ABox 展示

在产品设计时，在三维造型软件中构建联轴器的三维模型，便可以采用 AME

算法[70]提取产品自制件的装配特征表面，如图 6.15 所示，由第 3 章可知，自制品加工特征表面是 BOM 表示模型的重要一环，直接关系到之后本体知识库对工装物料的推理选择。

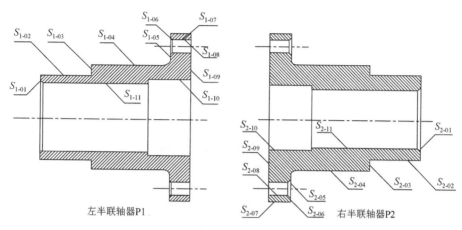

图 6.15　联轴器特征表面

在上述基础上，依据零件之间装配约束关系及零件与加工表面组合约束关系，构建基于 OWL 的断言公式集 ABox A_P、$A_{Surfaces}$，如表 6.5 和表 6.6 所示。表中 p_1、p_2、p_3、p_4、p_5 表示零件，has-Part 表示零件之间具有装配约束关系；S_{1-0x} 表示零件 p_1 的第 x 个加工特征表面，has-Surfaces 表示具有加工表面组合约束关系。

表 6.5　零件之间装配约束关系

A_P={Part(p_1), Part(p_2), Part(p_3), Part(p_4), Part(p_5),
has-Part(p_1, p_2), has-Part(p_2, p_1), has-Part(p_1, p_4), has-Part(p_4, p_1), has-Part(p_2, p_5),
has-Part(p_5, p_2), has-Part(p_3, p_4), has-Part(p_4, p_3), has-Part(p_4, p_5), has-Part(p_5, p_4)}

表 6.6　零件与加工表面组合约束关系

$A_{Surfaces}$={Part(p_1), Part(p_2), S_{1-01}, S_{1-02}, S_{1-03}, S_{1-04}, S_{1-05}, S_{1-06}, S_{1-07}, S_{1-08}, S_{1-09}, S_{1-10}, S_{1-11}, S_{2-01}, S_{2-02}, S_{2-03}, S_{2-04}, S_{2-05},
S_{2-06}, S_{2-07}, S_{2-08}, S_{2-09}, S_{2-10}, S_{2-11},
has-Surfaces(p_1, S_{1-01}), has-Surfaces(p_1, S_{1-02}), has-Surfaces(p_1, S_{1-03}), has-Surfaces(p_1, S_{1-04}), has-Surfaces(p_1, S_{1-05}),
has-Surfaces(p_1, S_{1-06}), has-Surfaces(p_1, S_{1-07}), has-Surfaces(p_1, S_{1-08}), has-Surfaces(p_1, S_{1-09}), has-Surfaces(p_1, S_{1-10}),
has-Surfaces(p_1, S_{1-11}), has-Surfaces(p_2, S_{2-01}), has-Surfaces(p_2, S_{2-02}), has-Surfaces(p_2, S_{2-03}), has-Surfaces(p_2, S_{2-04}),
has-Surfaces(p_2, S_{2-05}), has-Surfaces(p_2, S_{2-06}), has-Surfaces(p_2, S_{2-07}), has-Surfaces(p_2, S_{2-08}), has-Surfaces(p_2, S_{2-09}),
has-Surfaces(P_2, S_{2-10}), has-Surfaces(p_2, S_{2-11}) }

结合七个特征表面与加工精度要求，对自制件进行工艺分析，分析零件个体与工艺约束关系及自制件加工表面与工艺约束关系，构建基于 OWL 的工艺约束关系 ABox $A_{P. Process}$、$A_{S. Process}$，如表 6.7 和表 6.8 所示。表中 Process（BlankClean）表示工艺步骤"毛坯清理"，has-Process 表示零件个体或加工表面具有工艺约束关系。

表 6.7　零件与工艺约束关系的 ABox

$A_{P.Process}$={Part(p_1), Part(p_2), Part(p_3), Part(p_4), Part(p_5), Process(BlankClean), Process(Machining), Process(OtherCraft), Process(Test), Process(Assemble),
has-Process(p_1, BlankClean), has-Process(p_1, Machining), has-Process(p_1, OtherCraft), has-Process(p_1, Test),
has-Process(p_1, Assemble),
has-Process(p_2, BlankClean), has-Process(p_2, Machining), has-Process(p_2, OtherCraft), has-Process(p_2, Test),
has-Process(p_2, Assemble),
has-Process(p_3, Assemble), has-Process(p_4, Assemble), has-Process(p_5, Assemble)}

表 6.8　自制件加工表面与工艺约束关系的 ABox

$A_{S.Process}$={S_{1-01}, S_{1-02}, S_{1-03}, S_{1-04}, S_{1-05}, S_{1-06}, S_{1-07}, S_{1-08}, S_{1-09}, S_{1-10}, S_{1-11}, S_{2-01}, S_{2-02}, S_{2-03}, S_{2-04}, S_{2-05}, S_{2-06}, S_{2-07}, S_{2-08}, S_{2-09}, S_{2-10}, S_{2-11}, Process(Turning), Process(Drilling), Process(Boring),
has-Process(S_{1-01}, Drilling), has-Process(S_{1-02}, Turning), has-Process(S_{1-03}, Turning), has-Process(S_{1-04}, Turning),
has-Process(S_{1-05}, Turning), has-Process(S_{1-06}, Drilling), has-Process(S_{1-07}, Turning), has-Process(S_{1-08}, Drilling),
has-Process(S_{1-09}, Turning), has-Process(S_{1-10}, Boring), has-Process(S_{1-11}, Boring),
has-Process(S_{2-01}, Drilling), has-Process(S_{2-02}, Turning), has-Process(S_{2-03}, Turning), has-Process(S_{2-04}, Turning),
has-Process(S_{2-05}, Turning),has-Process(S_{2-06}, Drilling), has-Process(S_{2-07}, Turning), has-Process(S_{2-08}, Drilling),
has-Process(S_{2-09}, Turning), has-Process(S_{2-10}, Boring), has-Process(S_{2-11}, Boring) }

6.6.5　知识库推理结果

通过上述研究，知识库系统以 OWL 断言公式集作为输入，经过推理将自动生成工艺加工过程中所需的物料信息，并将信息值返回到预先构建的工艺 BOM 本体中，便可以在相应的 Process_BOM 属性栏中清晰地显示所需要信息。

在实例应用中，Process_BOM 的 OWL 个体需要承载所有工艺 BOM 的信息，在通过知识库的规则推理之后，这些信息都将清晰地呈现在属性栏中，并录入到能被计算机直接识别的 OWL 文件里，如图 6.16 所示，通过 Protégé 中的 SWRLTab 插件输入 SWRL 规则。

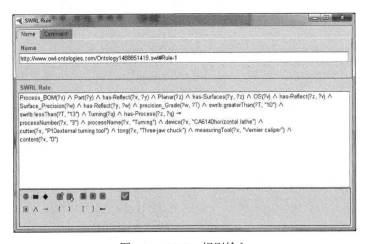

图 6.16　SWRL 规则输入

在图 6.16 所输入的规则中，以车削为主要工艺，通过相应的对象属性及数据属性将类中的个体关联起来，如图 6.17 所示，在零件类中的 "Part_1" 个体通过 "has-Reflect、has-Surfaces" 与 "Surface_Precision、Planar" 相关联，而图 6.18 则表示 "Surface_Precision" 中的属性 "precision_Grade" 的数值为 "11"，即要求加工公差等级为 "IT11"。

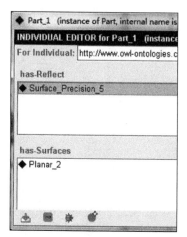 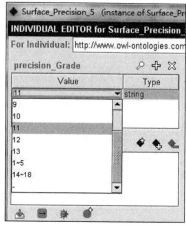

图 6.17　零件 Part　　　　　　　　图 6.18　加工精度

使用 Jess 推理机的 "OWL + SWRL->Jess" 功能实现 OWL 结构化知识及 SWRL 约束化知识向 Jess 事实的转化，然后通过 "Run Jess" 功能进行知识推理，最后使用 "Jess->OWL" 功能将推理结果写入 OWL 文件，如图 6.19 所示。

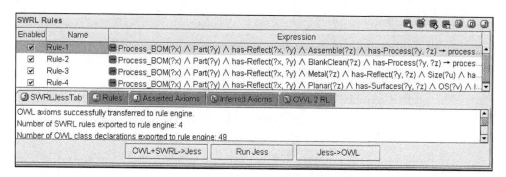

图 6.19　SWRL 规则示意图

通过一系列转化推理，将工艺 BOM 中所需要的知识信息进行推理，并将结果返回到属性栏中，从而实现工艺 BOM 信息的自动生成，图 6.20 为推理前，图 6.21 为推理后。

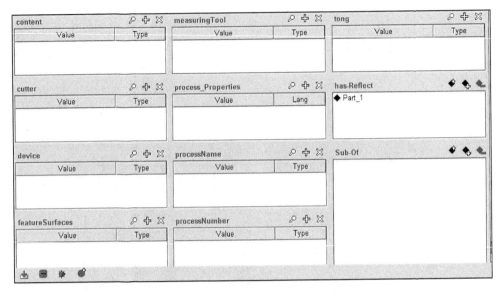

图 6.20　工艺 BOM 本体实例个体推理前

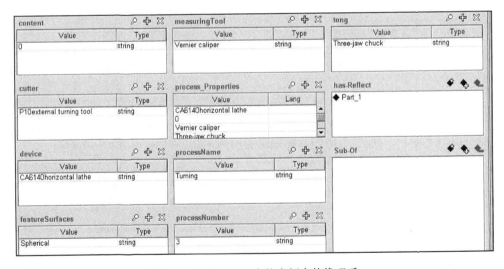

图 6.21　工艺 BOM 本体实例个体推理后

最终 BOM 的信息会以 OWL 数据的形式，在系统所生成的 OWL 格式文件中表示，与传统的 BOM 文件相比，OWL 格式文件能被计算机直接识别读取，非专业编程人员同样也能轻易理解其表达含义，而其中的 SWRL 所携带的知识信息具有很好的知识重复使用性。通过集成接口进行简单的 Java 解析后，可直接导入 Access、MySQL 等数据库中或在各大系统中传递，这极大地促进了产品物料信息在跨部门、跨系统间的顺畅传递及知识的有效共享。

6.7 TiPDM 系统的集成应用

BOM 作为企业产品信息的纽带，也是 PDM 等管理信息系统的核心文件，在企业推进信息化、智能化的进程中，是不可忽略的重要文件。通过在 6.6 节中对专家经验、行业领域规范等知识的分析研究，设计了用于描述约束化知识的 SWRL，构建本体知识库原型系统，在 Protégé 软件平台下，借用 Jess 推理机，将 OWL 结构化知识转化为 Jess 事实，将 SWRL 约束化知识转化为 Jess 规则，对工艺 BOM 中的工装设备等信息实现了自动推理。本体知识库最大的作用在于能够实现知识的重复使用，并对以往记忆在工程师头脑中的经验知识进行重新描述，存储于知识库中，实现专业知识的快速调用、工艺 BOM 信息的智能推理，缩短产品的设计生产周期，并且降低了 BOM 编制门槛，不需要专业的工艺工程师与 BOM 编制人员通过协调来对 BOM 进行编制，只需操作知识库进行知识推理，在必要时对规则进行微调即可，一般的技术人员都能够完成。

随着市场客户个性化需求的不断提升，在互联网产品定制方式的推动下，大批量定制、数字化制造的模式正快步发展。在中国制造 2025 的驱动下，以物联网及（服）务联网为基础的第四次工业革命，以其智能化、个性化在制造领域将获得广泛应用[190]。为此，研制出产品的定制开发平台（即软件平台）是解决智能设计的有效手段[1]。利用定制开发平台，加强研发设计、生产制造、经营管理、销售服务等全流程和全产业链的信息化与智能化，实现智能管控，提高企业生产效率，使企业在新的市场环境下，快速开发出新产品，提升核心竞争力。

大批量定制是未来市场发展的必然趋势，但同时也会给企业带来产品多样化、管理困难等一系列问题。其中"信息孤岛"一直是企业数据化进程中不可忽略的问题，特别是在推行中国制造 2025 以来，物联网、大数据的发展，更是使得企业的数据文档呈几何倍数增长，然而各个部门进行数据信息的传递共享受到文件异构的阻碍，难以实现顺畅沟通，极大地降低了企业生产效率，而且高昂的信息管理成本与日俱增，作为企业信息化的突破口——PDM 的应用与实施是解决企业的虚拟化和数字化问题的一个有效途径。在定制开发平台下，结合 PDM 技术与本体知识库技术，构建企业数据管理系统，从而提高企业数据管理效率，降低成本，推进企业产品设计智能化和管理智能化。

6.7.1 企业数据管理系统功能模块

祁国宁等[16]提出了大批量定制的概念，通过更短的产品生命周期、更低的产品成本和更高的产品质量，快速响应市场[191]。基于这种大批量定制的思路，作者及其研发团队研究设计了定制开发平台，以满足当今市场需求。满足用户的智能化、个性化的需求是定制开发平台的核心目的。

定制开发平台如图 6.21 所示，借助本体技术、面向对象技术、组件技术、模板技术、PDM 技术实现功能模块的重复使用和扩展，基于此，将平台按照固有系统、可扩展系统和生成系统依次分为平台支撑系统、定制造型系统和企业管理系统。其中定制造型系统是整个平台的底层架构，产品设计公共本体置于 CAD 造型几何内核底层，平台支撑系统通过生成的企业系统配置文件来约束企业所需要的管理功能模块。企业管理系统是构建企业系统所需要的公共组建模块的总体集合，在功能模块上主要包括了产品信息管理模块、产品定制流程管理和客户产品定制信息管理。本书的研究重点将放在定制开发平台中的企业管理系统上。

在网络与软件技术的支持下，信息技术越来越广泛地应用于制造业，定制开发平台将推动生产组织方式和管理方式的变革。通过产品数据管理（PDM）的技术支持，将 PDM 与本体知识库结合，构建企业信息管理系统，对产品信息、产品定制流程、客户产品定制信息及产品不同结构数据等进行统一存储与管理，解决企业系统及其数据的相对独立性。

产品数据管理已经不再局限于传统的产品设计部门，而是已经可以支撑起企业范围的业务处理及与产品有关的信息和文件的管理。本体技术的应用促进了关键技术数据文件的结构一致，标准统一，增强了企业异构系统间的信息共享，从而提高了企业系统的运行效率。知识库生成的 OWL 本体文件能够很好地被计算机解读，通过 PDM 等数据管理平台系统便能很好地促进"信息孤岛"问题的解决，使 BOM 领域的数据知识能更好地进行跨部门、跨系统的传递和共享。定制开发平台系统结构框架如图 6.22 所示，结合了 PDM 技术与本体知识库的企业信息管理系统是开发定制平台的一个功能系统模块。

管理系统最大的两个功能模块分别是知识库功能模块和产品数据管理模块。

1）知识库功能模块

互联网＋环境下的智能制造，促进了现代信息技术快速发展，在计算机、互联网等技术的支持下，知识可以进行大规模的存储，并能够快速传输与共享。数据库随着需求的提升及科技的发展演变为知识库，知识库的应用使知识得以有序地存储与共享[192]。知识管理每前进一步都与信息技术的发展有着密切关系。知识库的应用便是知识管理技术发展的趋势所在[193]。

在企业管理系统中，知识库的主要结构是知识库＋推理机的模式，知识库最主要的功能便是存放一些产品的设计知识[194]，其中主要包含与产品相关的领域中的结构化知识，以及曾经只存在于工程师头脑中的经验即约束化知识。知识库中的 Jess 推理机对结构化知识和约束化知识进行调用以实现推理的引擎。在实际中知识库的内容与数量并不是唯一的，会根据需求对知识进行不断累积，也

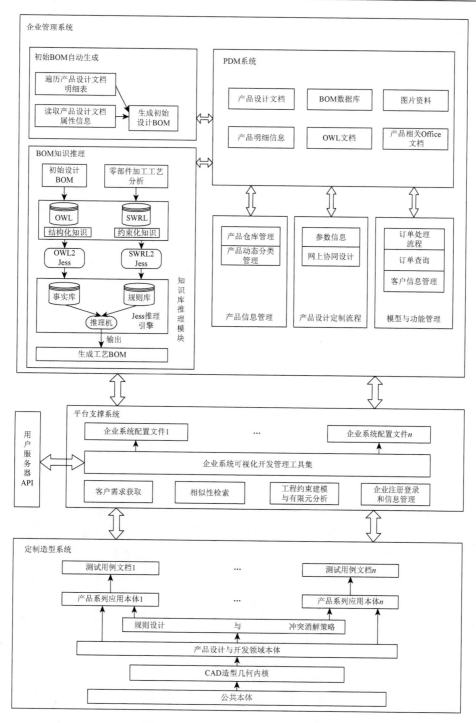

图 6.22　定制开发平台系统结构框架

可以依据需求具有针对性地定制，本书主要针对产品加工环节中的工艺物料知识进行研究，实现以工艺 BOM 信息的生成为主要研究方向的智能推理，首先，知识库通过企业管理系统的集成接口把知识读入内存数据库中，其次，将内存数据库中的知识与对应的规则性知识送入 Jess 推理机，最后，启动 Jess 推理机，运用这些对应的、规则性的约束化知识进行推理，从而得出工艺 BOM 所需要的工装设备等工艺物料信息。

2）产品数据管理模块

企业管理系统中的另一个主要模块是产品数据管理模块。随着企业数字化的推进，CAX 等办公软件的使用使得产品在设计、工艺、制造等环节逐渐自动化、智能化，与此同时，大量的电子资料也呈倍数增长，"信息孤岛"问题也日趋严重。PDM 进行信息管理的两条主线是静态的产品结构和动态的产品设计流程，所有的信息组织和资源管理都是围绕产品设计展开的[64]，而这也使得企业管理系统具有了更强的为企业产品的全生命周期数据管理和产品配置管理提供有效的解决方案的能力。

在研究过程中主要以清软英泰信息技术有限公司提供的 TiPDM 软件为主要研究对象，清软英泰信息技术有限公司是国内第一家 PDM 厂商，也是国内较早从事自主知识产权 CAD 软件开发的企业。在企业管理系统中，TiPDM 软件以产品零部件为核心组织产品相关数据，以产品 BOM、工艺 BOM 等核心 BOM 文件，以及 OWL 本体文件作为主要管理对象，TiPDM 软件还提供了强大的零件与图文档分类管理模块，同时包含产品结构管理、工作流程管理和产品配置管理功能。

6.7.2　TiPDM 软件结构

TiPDM 系统在功能上划分为三个集中式管理服务构件集和一个资源集成与信息服务平台。三个管理服务构件集包括：信息服务构件集、资源管理构件集和过程监控构件集等，这三个管理服务构件集分别从信息、资源和过程三个方面为扩展企业提供产品全生命周期管理所涉及的全部核心功能和应用功能[195]。

在 TiPDM 的软件体系结构中可以将企业业务逻辑与客户视图分开，能迅速改变原有的企业应用逻辑，如图 6.23 所示，系统结构分为三个主要层次，新的应用系统能便捷地集成到该平台中[196]。

（1）表示逻辑层。该层的主要作用在于 PDM 系统中用户视图的生成，其显示出的页面可与相应浏览器用户交互。系统中的表示层包括产品配置视图、产品文档数据视图、用户视图和相关权限等用于显示的功能模块，但只是为用户生成便捷的交互界面及用户视图，为业务和用户提供连接的纽带，但是企业中实际的业务逻辑并不在该层中实现。

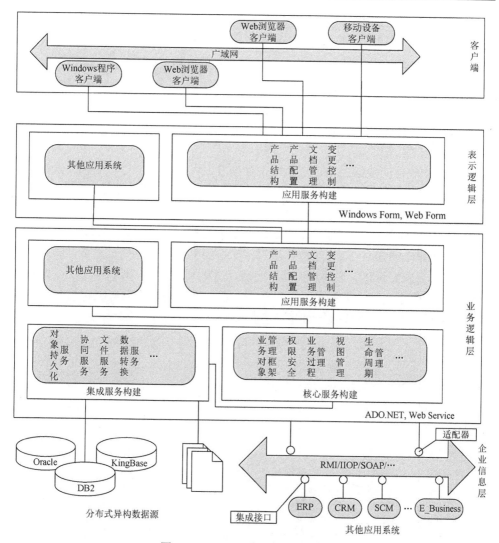

图 6.23　TiPDM 系统内部层次结构

DB2 为美国 IBM 公司开发的一款关系型数据库；RMI 为远程方法调用（remote method invocation）；IIOP 为互联网内部对象请求代理协议（internet inter-ORB protocol）；SOAP 为简单对象访问协议（simple object access protocol）；SCM 为供应链管理（supply chain management）；CRM 为客户关系管理（customer relationship management）

　　（2）业务逻辑层。该层主要的功能在于实现企业的业务逻辑，通过开发各种分布式软件构件来实现 TiPDM 系统在业务逻辑上的需求。

　　（3）企业信息层。该层涵盖和连接了多个子系统，包括扩展企业信息系统、数据库系统等，而无论在数据级还是在应用级都可以使 PDM 系统与扩展企业其他信息系统进行集成[197]。

　　系统中以零部件为核心组织产品相关数据，所有与产品或零部件有关的电子图纸、文件、相关标准、技术资料等信息都和产品或零部件相关联。零部件基本信息和相关图文档被统一管理和分类入库，建立了企业的单一数据源，结束了产品数据分散在采购、设计、工艺、制造、销售等部门，数据管理不统一、错误率大的混乱局面，从根本上解决了企业的数据管理问题，保证了数据的正确性。而为了解决过去传统的按产品隶属关系进行编码所带来的一系列问题，TiPDM 的编码系统运用成组技术的思想，促进了零件的通用化与标准化，极大地提高了产品零件的重复使用率[198]。

　　TiPDM 软件的数据关系以产品零部件展开，从图 6.24 中可以看出，原材料库与半成品库中的原材料与毛坯通过加工工艺与产品零部件相关联，在文档库中所存储的主要文件之一便是用来描述产品零部件的设计图纸，产品在设计、生产、加工、检验等环节的指导说明书，以及用来描述产品相关领域的本体 OWL 文件，产品库中的产品 BOM、工艺 BOM 由零部件库中的各种零部件信息组成，同时工艺BOM 通过工艺关系与工装材料库中的各种工艺物料相关联。系统中为了保证数据的唯一性，每个产品的数据在系统只存在一份，同时每个产品数据可以被多个其他产品数据调用，从而实现一处更改各处反映。

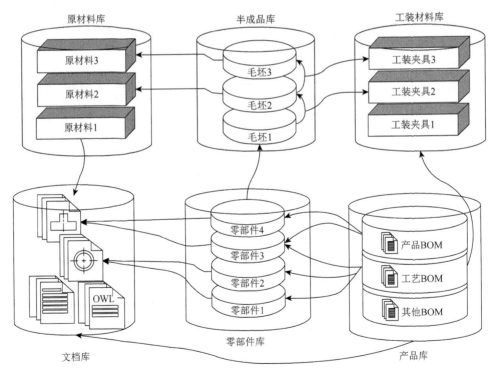

图 6.24　PDM 数据逻辑结构图

在 TiPDM 系统中，零件、部件、组件等统称为零件对象，TiPDM 中的产品是一个容器，里面存放了所有组成产品的组装件、部件。组成产品的最大组装件同样也被看作一个零件。每一个零件可以有自身描述属性、子件关系属性、图文档描述属性三方面的内容。

（1）自身描述属性。如图 6.25 所示，自身描述属性包含零件代号和零件其他属性信息，如零件名称、零件类型、材料、重量、版本、状态等信息。自身描述属性必须有一个零件范围内全局唯一的 ID（即零件编号）。

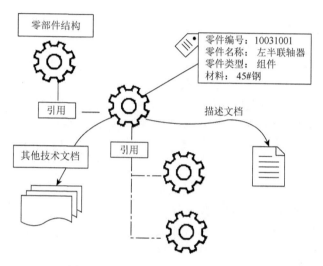

图 6.25 以零件为核心组织产品数据

（2）子件关系属性。子件关系属性包含部（组）件与其子件之间的装配关系。

（3）图文档描述属性。图文档描述属性包含零部件相关的文档，如设计图纸、工艺卡、计算说明书、使用说明、其他技术说明书及其他工艺文档等。

6.7.3 系统集成方案

集成是指基于信息技术的资源及应用计算机软硬件、接口及机器聚集成一个协同工作的整体，是企业信息化建设道路中必须面对的一个重要问题[199]。对信息系统集成技术的研究多年来一直是一个热门研究方向，目前主要的系统集成方式有三种模式：基于工作流技术的过程集成方法、基于 EAI（enterprise application integration，企业应用集成）门户的过程与数据集成方法、基于数据交换标准（XML 标准、STEP（Standard for the Exchange of Product Model Data，产品模型数据交互规范））的异构系统集成方法。

（1）基于工作流技术的过程集成方法是通过工作流技术，将产品 PDM 系统中各过程的工作流程统一，可有效地保证 PDM 系统中目标和过程支持对象的一致性，从而达到产品全生命周期中各种信息资源和制造资源的统一。

（2）基于 EAI 门户的过程与数据集成方法是采用基于消息事件驱动的协同集成服务器框架，统一负责系统间集成组件的封装、配置、执行、跟踪，采用中间件技术以统一的接口形式封装各应用系统的公共服务功能，实现在一个 EAI 服务框架下，扩展完善系统间的集成功能，通过集成服务框架完成系统间的集成。目前上述两种模式的集成技术正处于研究过程之中，在企业中的成功集成应用还很少见到。

（3）本书中的 TiPDM 系统所采用的主要集成方法是基于数据交换标准（XML、STEP）的异构系统集成方法。TiPDM 与各系统之间的集成是以 PDM 为平台紧紧围绕 BOM 这条主线进行的，将设计 BOM 和工艺 BOM 在 PDM 系统中进行有效的管理，其主要集成思路为：在 PDM 系统中编辑维护工艺 BOM，在投入生产时，由 PDM 对工艺 BOM 进行配置运算，从而一次性产生符合要求的工艺 BOM 信息并传递给企业管理系统。通过该技术，基本可以满足 PDM 系统与企业管理系统的需求。

PDM 集成关系从高到低可以分为三种，即紧密集成模式、接口集成模式、封装集成模式。

（1）紧密集成模式。紧密集成模式是集成关系中最高层次的集成。在这一层次中，各应用程序被视为系统的组成部分，应用程序与系统之间不仅可以共享数据，还可以相互调用有关服务，执行相关操作，真正实现一体化[200]。

（2）接口集成模式。通过把应用系统与系统之间需要共享的数据模型抽取出来，定义到 PDM 的整体模型中，使应用系统之间有统一的数据结构[200]。

（3）封装集成模式。封装集成模式是指把对象的属性和操作方法同时封装在定义对象中，用操作集来描述可见模块的外部接口，从而保证了对象的界面独立于对象的内部表达[201]。

TiPDM 系统结构主要采用的是三层结构技术，这就降低了日常对系统进行维护的难度，而在对系统进行修改和升级的操作上，只需对特定的模块进行更换即可。系统的二次开发能力强大，数据支持多种格式的输入输出，提供了简单实用的接口方案，不需要太复杂的技术就可以实现对系统数据库的直接操作，可以使其与其他软件系统或知识库共同调用。企业管理系统的内部各功能模块中，主要采用以 Java 语言平台开发的接口形式进行集成，如图 6.26 所示。

TiPDM 批量提取工具通过图纸标题栏与明细栏之间的装配关系建立产品结构关系，通过相应模板建立图纸信息与 PDM 对象属性的关系，以达到提取图纸信息的目的。通过批量提取可以提高和保证产品图纸数据、明细信息录入 PDM 系统时数据的准确性和一致性，提高产品数据整理的工作效率，同时 TiPDM 通过批量提取工具缩短企业实施周期（大大减少数据整理和录入的工作量），降低实施难度和风险。

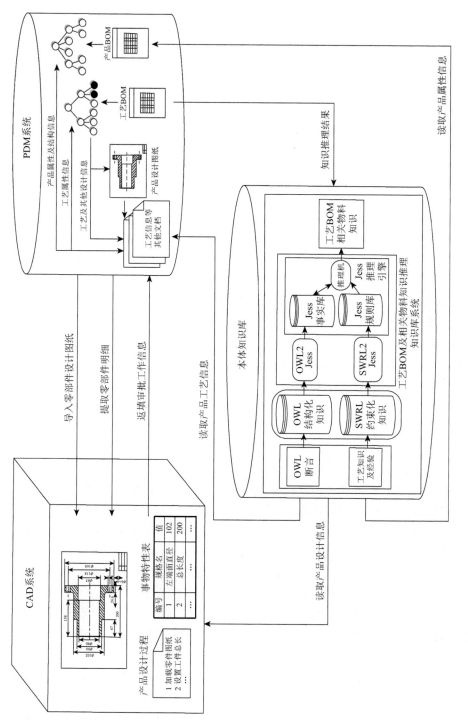

图 6.26　系统集成框架

在与 CAD 软件的集成中，TiPDM 本身便带有与 CAD 软件集成的接口，可以直接通过软件中的接口获得与 CAD 集成的效果，集成后的 PDM 系统具有直接从图纸上提取信息的功能，可以根据企业的图纸标准定义提取规则，在脱离 CAD 系统环境下正确提取 CAD 图纸上的标题栏及明细栏信息，并根据标题栏、明细栏的对应关系，建立零件的结构关系；将 BOM 信息录入到 PDM 中；建立提取信息与 PDM 信息的对应关系，包括标题信息与零件的对应关系、标题栏信息与文档的对应关系、明细栏信息与零件的对应关系及产品的结构数据关系。

本体知识库通过集成接口，分别与 CAD 等产品造型系统、TiPDM 系统进行集成，通过 CAD 等产品造型系统读取 CAD 中产品的设计信息，同时提取 TiPDM 中的工艺设计知识文档、OWL 本体文件并读取 PDM 中的产品属性信息，对这些知识进行 OWL 结构化知识及 SWRL 约束化知识的转化，通过知识库中的推理机进行信息推理，然后将知识推理结果从面向计算机的语言文档通过转换接口转换为面向用户的知识文件，并将其返回到 TiPDM 中。OWL 文件主要是面向计算编程的文件格式，在集成的过程中需要通过集成接口，将其转变为人们习惯的文件格式，该过程由得到推理结果的 OWL 文件开始。首先，获取 OWL 文件，使用 Java 开发环境和 Jena API 提取相关推理结果；其次，根据提取的结果，结合 Java Excel API 和 TiPDM 提供的 Excel 模板文件，生成可导入的 Excel 文件；最后，通过 TiPDM 提供的 Excel 导入功能，完成信息整合。

6.7.4　企业管理系统的实施与数据管理

PDM 实施的过程本来就是一项将管理与技术相互结合的系统工程，需要循序进行，直至解决问题。在所设计的企业管理系统中，要实施 TiPDM 系统的构建及应用，主要是通过在企业中运用 PDM 系统，并在其框架下使企业在产品开发等环节上达到最佳运作状态的过程。因此，必须要针对企业数据和业务的层次，采用循序渐进的方法不断深入、科学、有效地进行产品数据管理，每个层次确定可以衡量的目标，后一层次的工作都是在前一层次成功的基础上进行的，也都能够实现进步与功能增强。为此，在企业管理系统中 TiPDM 系统的实施分为以下五个步骤逐步实现。

（1）在 PDM 系统实施的首要阶段便是将所使用的系统进行初始化，初始化主要针对一些系统的基础设置，如零件与文档的分类、产品数据的目录、评审流程及与管理操作相关的组织、角色用户权限等。

（2）需要针对性地为系统构建企业的物资编码信息库，信息库中包括外购件及标准件等。

（3）需要标准化产品设计，其中便包括了编码引用的标准化、图纸格式的标准化、文档信息填写的标准化等，接着才能将标准化后的设计图纸、技术文档、

BOM 文件等资料录入系统中。

（4）在 TiPDM 系统中对设计图纸或相关产品文档进行评审，并在系统中对评审的过程进行记录。

（5）完成以上步骤后才是对 PDM 的日常应用和操作，其日常应用主要实现的功能有对零件、图档、BOM 文件的查询、浏览、提交、评审、存档等[196]操作。

6.7.5　TiPDM 系统实施注意事项

在企业管理系统中实施 PDM 时应该清楚定义取得收益的每一个项目层次或阶段，降低各方面的风险性，同时在实施过程中还应该注意以下几个问题。

（1）企业首先做好数字化产品、过程、数据的定义和管理，而不是简单地用计算机来实现手工管理的模式。

（2）企业要注重的是其商业目标和商业利益，而并非全是 PDM 技术细节。

（3）企业需要强调的是基于企业级 PDM 系统的实施策略和总体规划，而不是仅仅购买一个软件工具。

（4）企业实施 PDM 所进行的是一项浩大的系统工程，不是一件简单的事情。

（5）企业需要一个长期的战略合作伙伴，而不是一个普通意义上的软件开发商。

（6）部门级的 PDM 系统只是企业实施 PDM 的起点，企业注定要实施企业级的 PDM 系统。

（7）企业必须有精确的系统规划与分析及周密详细的基础准备工作。

（8）企业是 PDM 实施的主体，领导要参与和推动 PDM 的实施。

（9）企业要与时俱进、科学规划，选择最适合的管理模式。

（10）做好基础数据的整理工作，特别是编码工作。

（11）系统集成任务极为艰巨，实施从来没有捷径可走。

6.7.6　BOM 文件管理方案

一般在企业中 BOM 的管理与一般文件的管理有较大的差异，BOM 在管理上具有以下几个特点。

第一，涉及部门多，范围广。由于 BOM 是连接企业各职能部门的纽带，所涉及的部门多、流程多，而且由于历经不同的部门，编制与评审的差异大。

第二，文件形式变动大，难追踪。BOM 在产品不同的生命周期中变动大，经常根据不同部门的需求，流转过程不断更新，涉及产品生命周期的环节众多，导致其格式的变动大，流传广，很难追踪。

第三，所涉及内容种类多。BOM 文件相对一般文件要复杂，其中涉及的物料种类具有较强的针对性，但是由于历经多个部门，所以涉及的物料种类繁多，难以进行分析汇总。

传统的 BOM 管理方式大多是由 BOM 编制者用手工输入的方式直接在 Excel 等电子表格上进行录制，然后通过纸质打印或电子邮件等方式传递给各个部门的相关人员，进行审批工作，审批完成的 BOM 文件再投入使用，指导生产或汇总、归档。这样的方式原始低效，而且工作量非常大，BOM 的编制往往由于格式规范问题，在出现 BOM 变更后经常会引起采购、入库或生产的物料与清单上有出入的现象，而且在发现错误之后还很难回溯追踪、查找问题的根源。

针对 BOM 文件管理上的特点，企业管理系统集成了 TiPDM 系统的功能，很好地满足了大部分用户的需求。

首先，企业管理系统为客户提供了强大完备的功能，通过系统的实施，采用信息化的管理方式，利用企业管理系统提供的 PDM 平台，打通传统的多层次、跨部门的 BOM 流通的渠道，将 BOM 文件汇总到一个平台上来进行统一管理。系统提供了对 BOM 文件的多种调整功能，如可以对文件进行子件替换、增删节点、结构复制等，使同类型的产品创建效率得到极大提高，可以快速进行产品的改型设计[196]。

其次，企业管理系统对 BOM 文件的管理以树形的方式进行，直接将产品的 BOM 文件进行直观的呈现，这样能清晰地将产品的零部件之间的数量关系及隶属关系进行清晰的展现。企业管理系统中的 PDM 会为每一份 BOM 文件进行编码，根据系统内部关联的计数器自动生成文件编号，生成一个唯一的 BOM 编码，即版本 ID，编码采用目前流行的分类＋流水方式，图文档则采用计数器的方法自动生成代号。系统通过 BOM 编码对文件进行统一管理。在 BOM 文件的调用修改过程中，会产生不同版本的文件，而通过统一的编码识别，再结合 TiPDM 的新旧版本差异对比功能，就能够很好地满足企业对文件管理的要求。

最后，企业管理系统在外部通过集成接口与 CAD 造型系统集成，系统可以通过直接读取设计文档中的产品明细、产品结构信息等，直接生成产品 BOM 文件，通过内部集成的知识库系统，对产品属性、物料信息及相关知识进行梳理存储，利用所存储的经验知识进行工艺物料信息推理，得到工艺 BOM。另外，企业管理系统还通过 TiPDM 提供了自制件汇总表、标准件汇总表等其他 BOM 快捷生成的功能，提高了 BOM 文件的编制效率。

6.8　本　章　小　结

6.2 节和 6.3 节主要针对工艺 BOM 本体构建的问题进行了研究，主要做了以下研究工作。首先，将本体形式化描述技术引入物料清单领域，通过对 BOM 领域类知识及工艺类知识的研究分析，设计了工艺 BOM 的结构表示模型；其次，结合七步法构建了工艺 BOM 的本体模型，针对由不同部门、不同系统所导致的物料信息数据的异构问题，提供了一种行之有效的解决方式，以促进产品物料信息跨部门、跨系统的顺畅传递。

6.4 节～6.6 节主要通过构建本体知识库的方法，针对工艺 BOM 领域相关知识自动推理生成的问题进行研究，主要完成了几个方面的内容。首先，结合专家经验、实际生产情况及工艺 BOM 表示模型，详细分析了 SWRL 的设计依据，对重要符号意义进行了介绍；其次，对工艺 BOM 领域的约束化知识进行了 SWRL 规则转换，对研究中所用到的典型规则进行了展示；再次，构建了本体知识库原型系统，对系统框架进行了介绍；最后，通过实例在 Protégé 软件中展示了工艺 BOM 中工艺物料信息的自动生成，通过本体知识库实现了工艺 BOM 的智能推理。

6.7 节主要完成了以下的工作内容：首先，依托于一个国家自然科学基金项目，在定制开发平台的开发中，研究了平台中的一个模块——企业管理系统，通过将本体知识库与 TiPDM 相集成，完成了企业管理系统主要功能模块的设计；其次，在对 TiPDM 系统结构、数据结构进行详细分析的基础上，为企业管理系统提供了将知识库与 TiPDM 系统相互集成的方案；最后，提供了在企业管理系统中实施 PDM 的具体方案，并针对 BOM 文件管理的特点，结合知识库提供了企业管理系统对 BOM 文件的管理方案。

参 考 文 献

[1] 工业 4.0 落地战略：一个网络、两大主题、三项集成[EB/OL]. http://articles.e-works.net.cn/ amtoverview/ article123941.htm[2015-06-30].

[2] 周济. 智能制造——"中国制造 2025"的主攻方向[J]. 中国机械工程，2015，26（17）：2273-2284.

[3] Zawadzki P, Żywicki K. Smart product design and production control for effective mass customization in the industry 4.0 concept[J]. Management & Production Engineering Review，2016，7（3）：105-112.

[4] 祁国宁，顾建新，韩永新. 图解产品数据管理[M]. 北京：机械工业出版社，2005.

[5] 任熙兰. 模块化零部件变型设计技术及其在工业汽轮机中的应用[D]. 杭州：浙江大学，2006.

[6] 朱朝轩. 自动开封盖装置快速变型设计中的设计重用技术与系统集成方法研究[D]. 成都：电子科技大学，2016.

[7] 杨青海. 大批量定制原理与若干关键技术研究[D]. 杭州：浙江大学，2006.

[8] 清软英泰 PLM. PDM 基本功能概述[EB/OL]. http://www.pdm.so/information/20180528682. html[2019-03-01].

[9] 周嘉梁. 面向大批量定制的 NC 程序变型设计方法研究[D]. 杭州：浙江理工大学，2016.

[10] 祁国宁，顾新建，谭建荣. 大批量定制技术及其应用[M]. 北京：机械工业出版社，2003.

[11] 乔虎，莫蓉，陈涛，等. 变型设计知识库构建方法研究[J]. 中国机械工程，2011，22（16）：1974-1980.

[12] 钟艳如，黄美发，古天龙. 装配序列生成的有序二叉决策图技术研究[J]. 计算机集成制造系统，2008，14（10）：1996-2004.

[13] Pahl G, Beitz W, Feldhusen J, et al. Engineering Design[M]. London：Springer Verlag，2007.

[14] Huang M, Zhong Y. Optimized sequential design of two-dimensional tolerances[J]. International Journal of Advanced Manufacturing Technology，2007，33（5-6）：579-593.

[15] Huang M F, Zhong Y R, Xu Z G. Concurrent process tolerance design based on minimum product manufacturing cost and quality loss[J]. International Journal of Advanced Manufacturing Technology，2005，25（7-8）：714-722.

[16] 祁国宁，Schttner J，顾新建，等. 一种面向大批量定制的产品建模方法[J]. 计算机集成制造系统，2002，8（1）：12-15.

[17] 许静. 面向模块化产品平台的技术对象有序化及重用技术研究[D]. 杭州：浙江大学，2011.

[18] 万立，何正，刘清华，等. 基于事物特性表的参数化产品配置[J]. 计算机辅助设计与图形学学报，2006，18（10）：1563-1568.

[19] 钟艳如，黄美发，贾裕初. 产品几何规范的知识表示[M]. 西安：西安电子科技大学出版社，2013.

[20] Tanaka F. Current situation and problems for representation of tolerance and surface texture in 3D CAD model[J]. International Journal of Automation Technology，2011，5（2）：201-205.

[21] Hong Y S，Chang T C. A comprehensive review of tolerancing research[J]. International Journal of Production Research，2002，40（11）：2425-2459.

[22] Geometrical Product Specifications（GPS）. Geometrical tolerancing-Tolerances of form，orientation，location and run-out: ISO 1101-3：1985[S]. Geneva: International Organization for Standardization，2004.

[23] 徐旭松. 基于新一代 GPS 的功能公差设计理论与方法研究[D]. 杭州：浙江大学，2008.

[24] Zhang J，Qiao L. Three dimensional manufacturing tolerance design using convex sets[J]. Procedia Cirp，2013，10：259-266.

[25] 武一民，周志革，杨津，等. 公差分析与综合的进展[J]. 机械科学与技术，2002，19（2）：4-5.

[26] 卢军，赵丽萍. 基于知识的公差设计[J]. 计算机集成制造系统，2001，7（11）：50-53.

[27] Geometrical Product Specifications（GPS）. Dimensional tolerancing-Part 1：Linear sizes：ISO 14405-1：2016[S]. Geneva：International Organization for Standardization，2001.

[28] Lee S H，Lee K. Simultaneous and incremental feature-based multiresolution modeling with feature operations in part design[J]. Computer-Aided Design，2012，44（5）：457-483.

[29] Srinivasan V. Standardizing the specification，verification，and exchange of product geometry：Research，status and trends[J]. Computer-Aided Design，2008，40（7）：738-749.

[30] Qin Y C，Lu W L，Qi Q F，et al. Towards a tolerance representation model for generating tolerance specification schemes and corresponding tolerance zones[J]. International Journal of Advanced Manufacturing Technology，2018，97（5-8）：1801-1821.

[31] Prisco U，Giorleo G. Overview of current CAT systems[J]. Integrated Computer-Aided Engineering，2002，9（4）：373-387.

[32] Qin Y C，Lu W L，Qi Q F，et al. Explicitly representing the semantics of composite positional tolerance for patterns of holes[J]. International Journal of Advanced Manufacturing Technology，2017，90（5-8）：2121-2137.

[33] 方建新. 基于蚁群算法的装配序列规划研究[D]. 武汉：华中科技大学，2007.

[34] 李明宇. 复杂产品装配序列规划方法研究[D]. 武汉：华中科技大学，2013.

[35] 吴新波，王耕耘. 基于三维 CAD 实体模型的模具 BOM 表自动生成方案[J]. 模具工业，2007，2（33）：1-6.

[36] 杜亚莲. 基于 PDM 的 CAD/CAPP 集成[D]. 哈尔滨：哈尔滨工程大学，2005.

[37] 郭春芬. 基于本体的工艺知识管理关键技术研究[D]. 青岛：山东科技大学，2011.

[38] 周圣文，郭顺生. 基于 XML 的 BOM 数据存储模型[J]. 计算机应用，2011，3（20）：73-74.

[39] 马宏福. 机械加工工艺知识本体及检索方法研究[D]. 大连：大连交通大学，2006.

[40] 郭春芬，钟佩思，魏军英. 基于本体的工艺知识管理系统框架研究[J]. 山东科技大学学报（自然科学版），2011，30（2）：90-93.

[41] 宋炜. 语义网简明教程[M]. 北京：高等教育出版社，2004.

[42] 徐璐，曹三省，毕雯婧，等. Web2.0 技术应用及 Web3.0 发展趋势[J]. 中国传媒科技，2008，（5）：50-52.

[43] 陆建江，张亚非，苗壮，等. 语义网原理与技术[M]. 北京：科学出版社，2007.

[44] Matsokis A，Kiritsis D. An ontology-based approach for product lifecycle management[J]. Computers in Industry，2010，61（8）：787-797.

[45] Zachos K，Dobson G，Sawyer P. Ontology-aided translation in the comparison of candidate service quality[C]//International Workshop on Service-Oriented Computing Consequences for Engineering Requirements. IEEE Computer Society，Barcelona，2008：30-37.

[46] Chungoora N，Young R I，Gunendran G，et al. A model-driven ontology approach for manufacturing system interoperability and knowledge sharing[J]. Computers in Industry，2013，64（4）：392-401.

[47] Allemang D，Hendler J. 语义万维网：工程实践指南[M]. 张自力，李莉等，译. 北京：高等教育出版社，2015.

[48] Gruber T R. A translation approach to portable ontology specifications[J]. Knowledge Acquisition，1993，5（2）：199-220.

[49] 杜小勇，李曼，王珊. 本体学习研究综述[J]. 软件学报，2006，17（9）：1837-1847.

[50] 赵建勋，张振明，田锡天，等. 本体及其在机械工程中的应用综述[J]. 计算机集成制造系统，2007，13（4）：727-737.

[51] 魏圆圆，钱平，王儒敬，等. 知识工程中的知识库、本体与专家系统[J]. 计算机系统应用，2012，21（10）：220-223.

[52] Borst P，Akkermans H，Top J. Engineering ontologies[J]. International Journal of Human-Computer Studies，1997，46（2-3）：365-406.

[53] Sudarsan R，Fenves S J，Sriram R D，et al. A product information modeling framework for product lifecycle management[J]. Computer-Aided Design，2005，37（13）：1399-1411.

[54] 吴健，陈刚，尹建伟，等. 基于本体的产品配置知识共享[J]. 浙江大学学报（工学版），2004，38（4）：478-483.

[55] Channa N，Li S，Fu X. Product knowledge reasoning：A DL-based approach[C]//Proceedings of the 7th International Conference on Electronic Commerce. Xi'an，2005：692-697.

[56] 孙刚，王继龙，孟明辰. TONE 本体模型与协同产品开发中的问题求解[J]. 机械科学与技术，2002，21（6）：991-994.

[57] 王昕，熊光楞. 基于本体的设计原理信息提取[J]. 计算机辅助设计与图形学学报，2002，14（5）：429-432.

[58] 石莲，孙吉贵. 描述逻辑综述[J]. 计算机科学，2006，33（1）：194-197.

[59] Schmidt-Schauß M，Smolka G. Attributive concept descriptions with complements[J]. Artificial Intelligence，1991，48（1）：1-26.

[60] Horrocs I，Patel-Schneider P F. Reducing OWL entailment to description logic satisfiability[J]. Journal of Web Semantics，2004，1（4）：345-357.

[61] 梅婧，林作铨. 从 ALC 到 SHOQ（D）：描述逻辑及其 Tableau 算法[J]. 计算机科学，2005，32（3）：1-11.

[62] 胡洁. 基于变动几何约束网络的形位公差设计理论与方法的研究[D]. 杭州：浙江大学，2002.

[63] ED Miller. PDM today [J]. Computer-Aided Engineering，1995，14（2）：32-41.

[64] 吕江虹. 基于产品数据管理（PDM）的 CAD/CAPP/CAM 并行集成技术研究[D]. 哈尔滨：哈尔滨理工大学，2006.

[65] 张晓华. 基于 STEP 标准的网络化制造统一 BOM 数据管理[D]. 哈尔滨：哈尔滨工程大学，

2005.

[66] Srinivasan V. A geometrical product specification language based on a classification of symme-try groups[J]. Computer-Aided Design，1999，31（11）：659-668.

[67] Hu J，Xiong G. Dimensional and geometric tolerance design based on constraints[J]. The International Journal of Advanced Manufacturing Technology，2005，26（9-10）：1099-1108.

[68] 欧阳峰，傅湘玲. 企业信息化管理导论[M]. 北京：北京交通大学出版社，2006.

[69] 熊光楞，范文慧，葛正宇. PDM：产品小世界企业大舞台[J]. 计算机世界，2002，9：B1-B2.

[70] 孙向阳. 小微电机制造企业 PDM 系统研究与开发[D]. 杭州：浙江大学，2014.

[71] 陈靖芯. 基于 PDM 的 CAD、CAPP 系统集成技术的研究[J]. 机械设计与制造，2002，（6）：29-35.

[72] Studer R，Benjamins V R，Fensel D. Knowledge engineering：Principles and methods[J]. Data & Knowledge Engineering，1998，25（1-2）：161-197.

[73] Gruber T R. Toward principles for the design of ontologies used for knowledge sharing[J]. International Journal of Human-Computer Studies，1995，43（4-5）：907-928.

[74] Baader F，Calvanese D，Mcguinness D L，et al. The Description Logic Handbook：Theory，Implementation and Applications[M]. Cambridge：Cambridge University Press，2010.

[75] Chang L，Shi Z，Qiu L R，et al. A tableau decision algorithm for dynamic description logic[J]. Chinese Journal of Computers，2008，31（31）：896-909.

[76] 钟艳如，覃裕初，黄美发，等. 基于特征表面和空间关系的公差表示模型[J]. 机械工程学报，2013，49（11）：161-170.

[77] Schmidt-Schauß M，Smolka G. Attributive concept descriptions with complements[J]. Artificial Intelligence，1991，48（1）：1-26.

[78] Horrocks I，Patel-Schneider P F，Boley H，et al. SWRL：A semantic web rule language combining OWL and RuleML[EB/OL]. https://www.w3.org/Submission/SWRL/[2004-05-21].

[79] Noy F，Sintek M，Decker S，et al. Creating semantic Web contents with Protégé-2000[J]. IEEE Intelligent Systems，2001，16（2）：60-71.

[80] Clement A，Riviere A，Serre P，et al. The TTRSs：13 constraints for dimensioning and tolerancing[C]//Proceedings of the 5th CIRP International Seminar on Computer-Aided Tolerancing. London：Chapman and Hall，1998：122-131.

[81] 刘玉生，高曙明，吴昭同，等. 基于特征的层次式公差信息表示模型及其实现[J]. 机械工程学报，2003，39（3）：1-7.

[82] 张毅，李宗斌. 采用多色集合理论的公差信息建模与推理技术[J]. 机械工程学报，2005，41（10）：111-116.

[83] Borudet P，Mathieu L，Lartigue C，et al. The concept of the small displacement torsor in metrology[J]. Series on Advances in Mathematics for Applied Sciences，Advanced Mathematical Tools in Metrology II，1996，40：110-122.

[84] Teissandier D，Couétard Y，Gérard A. A computer aided toleranceing model：Proportioned assembly clearance volume[J]. Computer-Aided Design，1999，31（13）：805-817.

[85] Desrochers A，Clement A. A dimensioning and tolerancing assistance model for CAD/CAM systems[J]. The International Journal of Advanced Manufacturing Technology，1994，9（6）：352-361.

[86] Anselmetti B，Chavanne R，Yang J X，et al. Quick GPS：A new CAT system for single part tolerancing[J]. Computer-Aided Design，2010，30（2）：142-146.

[87] Speckhart F H. Calculation of tolerance based on minimum cost approach[J]. Journal of Engineering for Industry，ASME，1992，94（2）：447-453.

[88] Michael W，Siddall J N. The optimal tolerance assignment with less than full acceptance[J]. Journal of Mechanical Design，ASME，1982，104（3）：855-860.

[89] 杨将新，顾大强，吴绍同. 基于神经网络的机械加工成本-公差模型[J]. 中国机械工程，1996，7（6）：41-42.

[90] 姬舒平，孙宏伟，马玉林，等. 一种新的公差优化数学模型的研究[J]. 哈尔滨工业大学学报，2000，32（3）：12-16.

[91] 匡兵，黄美发，钟艳如，等. 基于粒子群算法的装配公差优化分配[J]. 机械设计与制造，2009，（2）：35-37.

[92] Chase K W，Greenwood W H，Loosli B G，et al. Least cost tolerance allocation for mechanical assemblies with automated process selection[J]. Manufacturing Review，1990，3：49-59.

[93] Dantan J Y，Mathieu L，Ballu A，et al. Tolerance synthesis：Quantifier notion and virtual boundary[J]. Computer-Aided Design，2005，37（2）：231-240.

[94] 赵罡，王超，于红亮. 基于神经网络和遗传算法的公差优化设计[J]. 北京航空航天大学学报，2010，36（5）：518-523.

[95] 张为民，李国伟，陈灿. 基于雅可比旋量理论的公差优化分配[J]. 农业机械学报，2011，42（4）：216-220.

[96] 金秋，莫帅. 基于改进成本公差模型的并行公差优化设计[J]. 天津科技大学学报，2010，25（5）：53-56.

[97] 王恒，宁汝新. 计算机辅助公差设计与分析的研究现状及展望[J]. 航空制造技术，2006，（3）：73-75.

[98] Srinivasan V，Jayaraman R. Geometric tolerancing I：Virtual boundary requirements[J]. IBM Journal of Research and Development，1989，33（2）：90-104.

[99] 王欢，曹菡. 基于本体和 SWRL 的空间关系的表示与推理方法[J]. 微电子学与计算机，2007，24（7）：166-168.

[100] Hill E F. Jess in Action：Java Rule-Based Systems [M]. Greenwich：Manning Publication，2003.

[101] 钟艳如，高文祥，黄美发. 基于本体的装配公差类型的自动生成[J]. 中国机械工程，2014，25（5）：684-691.

[102] Mathew A T，Rao C S P. A novel method of using API to generate liaison relationships from an assembly[J]. Journal of Software Engineering & Applications，2010，3（2）：167-175.

[103] Mathew A，Rao C S P. A CAD system for extraction of mating features in an assembly[J]. Assembly Automation，2010，30（2）：142-146.

[104] 杨将新. 基于装配成功率的公差优化设计系统研究[D]. 杭州：浙江大学，1996.

[105] Yost P，Pelosi E，Snyder S. Development of a function oriented computer aided tolerancing（FOCAT）system[J]. Proceedings of the Institution of Mechanical Engineers Part B Journal of Engineering Manufacture，2011，225（7）：1189-1203.

[106] 胡洁，吴昭同. 计算机辅助形位公差大小的最优分配[J]. 工程设计学报，2000，（4）：28-31.

[107] Hu J，Xiong G. Concurrent design of a geometric parameter and tolerance for assembly and

cost[J]. International Journal of Production Research，2005，43（2）：267-293.

[108] 胡洁，吴昭同，杨将新. 基于旋量参数的三维公差累积的运动学模型[J]. 中国机械工程，2003，14（2）：127-130.

[109] Zhong Y，Qin Y，Huang M，et al. Automatically generating assembly tolerance types with an ontology-based approach[J]. Computer-Aided Design，2013，45（11）：1253-1275.

[110] 朱承，曹泽文，张维明. 知识库系统建模框架的发展与现状[J]. 计算机工程，2002，28（8）：3-5.

[111] 陈琮. 基于 Jena 的本体检索模型设计与实现[D]. 武汉：武汉大学，2005.

[112] 张同沛. 基于 C-K 理论和本体的变型设计方法研究[D]. 桂林：桂林理工大学，2015.

[113] 钟艳如，卢宏成，曾聪文. 装配公差综合领域本体知识库的构建[J]. 计算机工程与科学，2016，38（7）：1413-1418.

[114] 吴伟伟，唐任仲，侯亮，等. 基于参数化的机械零部件尺寸变型设计研究与实现[J]. 中国机械工程，2005，16（3）：218-222.

[115] 黄婵. 领域本体的构建及其在 Web 信息抽取中的应用研究[D]. 赣州：江西理工大学，2009.

[116] 张立斌. 浅析减速机在日常生活中的应用[J]. 卷宗，2014，（12）：381.

[117] 李长春. 机械产品虚拟装配信息建模的研究[D]. 苏州：苏州大学，2004.

[118] Yasushi U，Masaki I，Masaharu Y，et al. Supporting conceptual design based on the function-behavior-state modeler[J]. Ai Edam-artificial Intelligence for Engineering Design Analysis & Manufacturing，1996，10（4）：275-288.

[119] Deng Y M，Tor S B，Britton G A. Abstracting and exploring functional design information for conceptual mechanical product design[J]. Engineering with Computers，2000，16（1）：36-52.

[120] Qian L，Gero J S. Function-behavior-structure paths and their role in analogy-based design[J]. Artificial Intelligence for Engineering Design Analysis & Manufacturing，1996，10（4）：289-312.

[121] Kopena J，Regli W C. Functional modeling of engineering designs for the semantic Web[J]. IEEE Data Engineering Bulletin，2003，26：55-61.

[122] Zhang W Y，Tor S B，Britton G A. A graph and matrix representation scheme for functional design of mechanical products[J]. International Journal of Advanced Manufacturing Technology，2005，25（3-4）：221-232.

[123] Chen X，Gao S，Yang Y，et al. Multi-level assembly model for top-down design of mechanical products[J]. Computer-Aided Design，2012，44（10）：1033-1048.

[124] Anderl R，Mendgen R. Modelling with constraints：Theoretical foundation and application[J]. 1996，28（3）：155-168.

[125] 张刚，李火生，邓克文. 基于特征的装配模型及装配序列规划研究[J]. 机械设计，2010，27（1）：18-22.

[126] 吕美玉，侯文君，李翔基. 智能装配工艺规划中的层次化装配语义模型[J]. 东华大学学报（自然科学版），2010，36（4）：371-375.

[127] O'Grady P，Liang W Y. An object oriented approach to design with modules[J]. Computer Integrated Manufacturing Systems，1998，11（4）：267-283.

[128] Hubka V，Eder W E. Theory of Technical Systems[M]. Berlin：Springer，1988.

[129] 刘振宇. 面向过程与历史的虚拟环境中产品装配建模理论、方法及应用研究[D]. 杭州：浙

江大学，2002.

[130] 武殿梁，杨润党，马登哲，等. 虚拟装配环境中的装配模型表达技术研究[J]. 计算机集成制造系统，2004，10（11）：1364-1369.

[131] 段文嘉. 基于语义的智能装配与工艺资源管理系统研究[D]. 北京：北京邮电大学，2008.

[132] Ishii K. Life-cycle engineering design[J]. Journal of Mechanical Design，1995，117（B）：42.

[133] 朱洪敏. 基于语义关联模型的虚拟装配工艺规划支撑技术研究[D]. 上海：上海交通大学，2012.

[134] 吕琳，孟祥旭，徐延宁. 复杂产品的层次语义模型研究[J]. 中国机械工程，2004，15（15）：1357-1361.

[135] 贾庆浩. 基于工程语义的虚拟装配序列规划[D]. 广州：华南理工大学，2012.

[136] Kim K Y，Manley D G，Yang H. Ontology-based assembly design and information sharing for collaborative product development [J]. Computer Aided Design，2006，38（12）：1233-1250.

[137] 敬石开，谷志才，刘继红，等. 基于语义推理的产品装配设计技术[J]. 计算机集成制造系统，2010，16（5）：949-955.

[138] Kokkinaki A I，Valavanis K P. On the comparison of AI and DAI based planning techniques for automated manufacturing systems[J]. Journal of Intelligent and Robotic Systems：Theory and Applications，1995，13（3）：201-245.

[139] De Fazio T，Whitney D E. Simplified generation of all mechanical assembly sequences[J]. IEEE Journal on Robotics and Automation，1987，3（6）：640-658.

[140] Chakrabarty S，Wolter J. A hierarchical approach to assembly planning[C]// Proceedings of the 1994 IEEE International Conference on Robotics and Automation，1994：258-263.

[141] Chen K，Henrioud J M. Systematic generation of assembly precedence graphs[C]// Proceedings of the 1994 IEEE International Conference on Robotics and Automation，1994：1476-1482.

[142] Homem D M L S，Sanderson A C. A correct and complete algorithm for the generation of mechanical assembly sequences[J]. Robotics & Automation IEEE Transactions on，1991，7（2）：228-240.

[143] Baldwin D F，Abell T E，Lui M C M，et al. An integrated computer aid for generating and evaluating assembly sequences for mechanical products[J]. IEEE Transactions on Robotics & Automation，1991，7（1）：78-94.

[144] Wilson R H. Minimizing user queries in interactive assembly planning[J]. IEEE Transactions on Robotics & Automation，1993，11（2）：308-312.

[145] 顾廷权，高国安，徐向阳. 装配工艺规划中装配序列生成与评价方法研究[J]. 计算机集成制造系统，1998，（1）：25-27.

[146] Tönshoff H K，Menzel E，Park H S. A Knowledge-Based System for Automated Assembly Planning[J]. CIRP Annals-Manufacturing Technology，1992，41（1）：19-24.

[147] Swaminathan A，Shaikh S A，Barber K S. Design of an experience-based assembly sequence planner for mechanical assemblies[M]. Cambridge：Cambridge University Press，1998.

[148] 李荣. 基于知识的装配序列规划关键技术研究[D].哈尔滨：哈尔滨工业大学，2009.

[149] 程晖，李原，余剑峰，等. 基于遗传蚁群算法的复杂产品装配顺序规划方法[J]. 西北工业大学学报，2009，27（1）：30-38.

[150] Milner J M，Graves S C，Whitney D E. Using simulated annealing to select least-cost assembly

sequences[C]//Proceedings of the 1994 IEEE International Conference on Robotics and Automation, 1994: 2058-2063.

[151] Hong D S, Cho H S. A neural-network-based computational scheme for generating optimized robotic assembly sequences[J]. Engineering Applications of Artificial Intelligence, 1995, 8(2): 129-145.

[152] Lv H G, Lu C, Zha J. A hybrid DPSO-SA approach to assembly sequence planning[C]// International Conference on Mechatronics and Automation, Xi'an, 2010: 1998-2003.

[153] Allen J F. Maintaining knowledge about temporal intervals[J]. Readings in Qualitative Reasoning about Physical Systems, 1990, 26 (11): 361-372.

[154] 侯伟伟, 刘检华, 宁汝新, 等. 基于层次链的产品装配过程建模方法[J]. 计算机集成制造系统, 2009, 15 (8): 1522-1527.

[155] 赵姗姗, 赵宏, 高亮, 等. 基于功能结构树的工艺子装配体识别及其装配约束关系的分析[J]. 中国机械工程, 2012, 23 (13): 107-111.

[156] 王礼健, 钱卫荣, 王炜华. 基于连接关系稳定性的子装配体识别[J]. 航空制造技术, 2012, 399 (3): 87-91.

[157] 董士龙, 古天龙, 徐周波. 基于识别关键件的子装配体识别方法[J]. 桂林电子科技大学学报, 2015, (2): 147-151.

[158] 李明浩. 基于装配几何模型的运动分析[D]. 武汉: 华中科技大学, 2007.

[159] 高建刚, 牟鹏, 向东, 等. 基于 Unigraphics 的产品零件邻接矩阵的自动提取[J]. 中国机械工程, 2004, 15 (7): 611-613.

[160] 高峰, 吴俊军, 王同洋, 等. 基于包容盒分解的快速干涉检验算法[J]. 计算机辅助设计与图形学学报, 2000, 12 (6): 435-440.

[161] 张闻雷, 曲蓉霞, 许美蓉, 等. 复杂产品装配干涉矩阵自动生成方法[J]. 机械工程学报, 2016, 52 (1): 139-148.

[162] 孟瑜, 古天龙, 常亮, 等. 面向装配序列规划的装配本体设计[J]. 模式识别与人工智能, 2016, 29 (3): 203-215.

[163] 乔立红, 朱怡心, Nabil A. 几何增强的装配工艺本体建模[J]. 机械工程学报, 2015, 51 (22): 202-212.

[164] Zhong Y R, Jiang C H, Qin Y C, et al. Automatically generatiag assembly sequences with an ontology-base approach[J]. Assembly Automation, 2019.

[165] 付宜利, 田立中, 谢龙, 等. 基于有向割集分解的装配序列生成方法[J]. 机械工程学报, 2003, 39 (6): 58-62.

[166] 赵姗姗, 李宗斌. 基于多色集合的装配序列规划方法[J]. 中国机械工程, 2008, 19 (14): 1691-1697.

[167] Dorigo M. Optimization, learning and natural algorithms[D]. Milan: Polytechnic di Mila no, 1992.

[168] 于嘉鹏, 王成恩, 王健熙. 基于最大-最小蚁群系统的装配序列规划[J]. 机械工程学报, 2012, 48 (23): 152-166.

[169] 余江侠. PDM 与 CAD 数据共享与应用集成技术研究[D]. 武汉: 武汉理工大学, 2005.

[170] 林秋实. 基于 Phosphor cPDM 系统的产品配置管理[D]. 长春: 吉林大学, 2005.

[171] 罗丹, 余江侠. PDM 与 CAD 的数据共享与应用集成[J]. 现代生产与管理技术, 2008,

1（25）：1-3.

[172] 曾晓梅. PDM 在企业实施过程中的应用研究[D]. 长沙：湖南大学，2004.

[173] 闵立军. 产品数据管理（PDM）的应用实施[D]. 长春：吉林大学，2008.

[174] 吴丹，王先逵，魏志强，等. 基于协同服务平台的分布式产品数据管理[J]. 清华大学学报（自然科学版），2002，6（42）：791-794.

[175] Panetto H，Dassisti M，Tursi A. Onto-PDM product-driven ontology for product data management interoperability within manufacturing process environment[J]. Advanced Engineering Informatics，2012，（26）：334-348.

[176] 崔剑，祁国宁，纪杨建，等. 面向产品全生命周期的需求信息管理模型研究[J]. 计算机集成制造系统，2007，12（13）：2406-2414.

[177] Taisch M，Cammarino B P，Cassina J. Life cycle data management：First step towards a new product lifecycle management standard[J]. International Journal of Computer Integrated Manufacturing，2011，24（12）：1117-1135.

[178] 汪洋. 基于 STEP 标准的统一 BOM 模型研究与 PDM/ERP 信息集成[D]. 昆明：昆明理工大学，2004.

[179] 王国鸿，宁汝新. BOM 可视化及其多视图的研究[J]. 北京理工大学学报，2001，4（21）：469-473.

[180] LuhY P，Chu C H，Pan C C. Data management of green product development with generic modularized product architecture[J]. Computers in Industry，2010，（61）：223-234.

[181] 邓安平. 基于 Pro_E 的部件 BOM 提取及产品 BOM 数据管理的研究[D]. 昆明：昆明理工大学，2009.

[182] 战德臣，王忠杰，李小平，等. 基于物料清单/工艺清单的网络图绘制方法[J]. 中国机械工程，2003，（2）：120-124.

[183] 徐天保，王君英. 基于工艺管理的物料清单映射技术[J]. 计算机集成制造系统，2011，（9）：1913-1920.

[184] 梁平，赵韩，毕宝庆. 产品 BOM 的 XML 模式的建立研究[J]. 机械设计与制造，2005，（6）：116-118.

[185] 韩丹，张和明. 工艺产品物料清单转换方法及其实现技术研究[J]. 中国机械工程，2008，19（18）：2199-2202.

[186] 叶伟昌. 机械工程及自动化简明设计手册[M]. 北京：机械工业出版社，2003.

[187] 王绍俊. 机械制造工艺设计手册[M]. 北京：机械工业出版社，1985.

[188] 王光斗，王春福. 机床夹具设计手册[M]. 上海：上海科学技术出版社，2000.

[189] 许晓. 专用机床设备设计[M]. 重庆：重庆大学出版社，2003.

[190] 海川. 中国制造 2025，主攻智能制造[J]. 新经济导刊，2015，（6）：54-59.

[191] 何苗. 基于 SML 的 CAx/PDM 集成技术研究[D]. 西安：西北工业大学，2006.

[192] 倪益华. 基于本体的制造企业知识集成技术的研究[D]. 杭州：浙江大学，2005.

[193] 李跃龙. 基于本体的消防知识集成研究[D]. 大连：大连海事大学，2008.

[194] 赵瑞可，胡德敏，朱娟. 基于知识库的 CAD/PDM 的集成研究[J]. 精密制造与自动化，2003，2：31-38.

[195] 黄庆. PLM 系统在汽轮机行业的应用研究[D]. 成都：电子科技大学，2011.

[196] 北京清软英泰信息技术有限公司. TiPDM 白皮书[EB/OL].http://www.docin.com/p-113371379.

html[2010-12-31].

[197] 许承东，赵向领，宋伟. 产品全生命周期管理系统的关键技术和系统层次结构[J]. 北京理工大学学报，2006，26（z1）：9-12.

[198] 熊昌术. 面向 PDM 集成的产品信息编码管理系统及其在纺织机械企业内的应用[D]. 杭州：浙江大学，2005.

[199] 林允针. PDM 实施和基于 PDM 的信息集成技术研究[D]. 杭州：浙江工业大学，2005.

[200] 熊艺. PDM 在非制造业中的应用研究[D]. 天津：天津大学，2003.

[201] 宋金霞. CAD 系统与 PDM 系统的集成技术研究[D]. 青岛：青岛科技大学，2008.

附录 常用术语中英文对照

ABox（assertion component）	断言公式集
adaptive design	适应设计
ALC（attributive concept language with complements）	定语概念语言
asserted condition	断言条件
BOM（bill of materials）	物料清单
CAD（computer aided design）	计算机辅助设计
CAM（computer aided manufacturing）	计算机辅助制造
CAPP（computer aided process planning）	计算机辅助工艺设计
CAT（computer aided tolerancing）	计算机辅助公差
CAX（computer aided x）	计算机辅助技术
clarity	清晰
coherence	一致
constrain	约束
data properties	数据属性
disjoints	互斥条件
DL（description logic）	描述逻辑
DOI（degree of invariableness）	恒定度
DOF（degree of freedom）	自由度
ERP（enterprise resource planning）	企业资源计划
extendibility	可扩展性
forms	格式
GPS（geometrical product specification）	产品几何规范
HTML（hypertext markup language）	超文本标记语言
individuals	个体
Jess	规则引擎
KB（knowledge base）	知识库
minimal encoding bias	编码偏好程度最小

minimal ontological commitment	本体约定最小
object properties	对象属性
ontology	本体
original design	初次设计
OWL（ontology web language）	网络本体语言
OWL2Jess	OWL to Jess
OWL Classes	类
OWL Viz	层次可视化
PACV（proportioned assembly clearance volume）	匀称的装配间隙量
PDM（product data management）	产品数据管理
PLM（product lifecycle management）	产品全生命周期管理
properties	属性
Protégé	本体编辑软件
RDF（resource description framework）	资源描述框架
RDFS（RDF schema）	RDF 模式
rotation	转动
SDT（small displacement torsor）	小位移矢量
SQL Server	关系型数据库管理系统
SQL（structured query language）	结构化查询语言
SQWRL（semantic query-enhanced web rule language）	增强的语义网查询规则语言
SSPD（single source of product data）	单一产品数据源
SWRL（semantic web rule language）	语义网规则语言
SWRL2Jess	SWRL to Jess
SWRL Rules	SWRL 规则
TBox（terminology component）	术语公式集
TiPDM（THIT product data management system）	清软英泰产品数据管理系统
tolerance design	公差设计
tolerance synthesis	公差综合
translation	平动
TTRS（topologically and technologically related surface）	拓扑与技术相连表面
unicode	统一编码
URI（uniform resource identifier）	统一资源标识符

variant design	变型设计
variation	变动
W3C（World Wide Web Consortium）	万维网联盟
XML（extensible markup language）	可扩展标记语言
XMLS（XML schema）	XML 模式